# 人本智造

## 面向新工业革命的制造模式

王柏村 等编著

電子工業出版社
Publishing House of Electronics Industry
北京 · BEIJING

## 内容简介

人本智造体现了制造业未来发展的重要趋势，也是新一代智能制造的重要技术支撑。本书深入阐述了新一代智能制造和人-信息-物理系统（HCPS），介绍了人本智造的重要理念、关键技术和典型应用，展现了当前人本智造领域的研究进展及阶段成果。

本书可为从事制造业发展规划、政策制定、企业经营、管理决策和科学研究的相关人员提供参考，也可供高等院校智能制造、机械工程、工业工程等相关专业师生和其他相关人士阅读。



**图书在版编目（CIP）数据**

人本智造：面向新工业革命的制造模式/王柏村等编著.—北京：电子工业出版社，2023.4
ISBN 978-7-121-45204-8

Ⅰ.①人… Ⅱ.①王… Ⅲ.①智能制造系统 Ⅳ.①TH166

中国国家版本馆CIP数据核字（2023）第043942号

责任编辑：刘家彤　　文字编辑：关永娟
印　　刷：北京天宇星印刷厂
装　　订：北京天宇星印刷厂
出版发行：电子工业出版社
　　　　　北京市海淀区万寿路173信箱　　邮编：100036
开　　本：720×1000　1/16　印张：12.75　字数：224.4千字
版　　次：2023年4月第1版
印　　次：2023年4月第1次印刷
定　　价：88.00元

凡所购买电子工业出版社图书有缺损问题，请向购买书店调换。若书店售缺，请与本社发行部联系，联系及邮购电话：（010）88254888，88258888。

质量投诉请发邮件至zlts@phei.com.cn，盗版侵权举报请发邮件至dbqq@phei.com.cn。

本书咨询联系方式：liujt@phei.com.cn，（010）88254504。

# 推荐序

## 坚持以人为本，加快建设制造强国

智能制造是基于新一代信息技术与先进制造技术深度融合，贯穿于研发、设计、生产、管理、服务等制造活动各个环节，旨在提高制造业质量、效益和核心竞争力的先进生产方式。近年来，以人为本已逐步成为智能制造的时代内涵和核心特征之一。发展智能制造，对于巩固实体经济根基、建成现代产业体系、构建新发展格局具有重要作用。推动智能制造的高质量发展与广泛应用，需要始终坚持以人为本，更好地满足人民对美好生活的需要。

### 一、以人为本发展智能制造的重要意义

**以人为本是新一轮工业革命的重要特征。**人是生产制造活动中最具能动性和最具活力的因素，智能制造与机器人最终都需回归到服务和满足人们对美好生活的需要、促进人的全面发展上来。2017年，中国工程院基于人-信息-物理系统（Human-Cyber-Physical Systems，HCPS）正式提出了“新一代智能制造”，并认为物理系统是主体，信息系统是主导，人是主宰；实施智能制造的实质就是设计、构建与应用各种不同用途、不同层次的HCPS。德国在推出第四次工业革命（工业4.0）战略之初，在制定的八项行动中就有多项与人直接有关。美国国家科学基金会从2016年至今，已经投入数千万美元对“人与

技术前沿的未来工作”持续进行资助。2021年初，欧盟研究和创新委员会正式提出第五次工业革命（工业5.0），重点指出未来工业应更加坚持以人为本。纵览全球制造业与新工业革命，以人为本是各国的关注点，也是大势所趋。以人为本的未来工业和制造系统正在吸引国内外政府机构、行业和学术界的广泛关注。

**以人为本是经济发展与科技创新的交汇点。**当前，科技创新速度显著加快，大大拓展了时间、空间和认知范围，人类正在进入一个“人机物”三元融合的万物智能互联时代。经济发展最主要就是坚持以人为本。满足人民的美好生活需要主要依靠的就是科技创新，特别是实体经济的科技创新，重点是制造业的数字化、网络化与智能化发展。以人为本发展智能制造是科技创新与经济发展的重要交汇点，也是科技与经济融合发展的应有之义。

**以人为本是制造业高质量发展的必然选择。**高质量发展是“十四五”时期我国经济发展的必由之路。高质量发展是能够很好地满足人民日益增长的美好生活需要的发展。以人为本、一切为了人民福祉，是制造业高质量发展不可动摇的目标。大力发展与民生直接相关的食品、纺织服装、医疗器械等产业是智能制造高质量发展的必然要求。同时，解决中小微企业智能化、绿色化转型的世界性难题，需要坚持以人为本，实现中小微企业与大型企业协同发展，稳定就业、共同富裕。

## 二、人本智造的内涵

以人为本的智能制造（简称人本智造）是一个大概念，涵盖基础理论、科学技术、经济社会乃至哲学等多个层面。中国学者以HCPS为理论基础，积极开展研究，初步阐明了人本智造的基本内涵。人本智造体现了制造业未来发展的重要趋势，也是新一代智能制造的重要技术支撑。从辩证角度看，其有两方面含义：其一，为了满足人民美好生活的需要，在生产活动与日常生活中，需要坚持以人为本，积极使用各种数字化、网络化、智能化技术帮助人们完成各种体力劳动和脑力劳动，努力运用智能制造技术提升人民幸福感、安全感和获得感；其二，在发展和使用智能制造技术为人类生产生活服务时，“人机物”不可避免地会产生各种关联，甚至冲突或对立，这就更加需要坚持以人为本，努力解决好隐私、安全、伦理、健康、就业等人们关心的基本诉求，努力做到人机共生、和谐发展。以上两个方面辩证统一，不可偏废。

**系统观念是理论基础。**在发展智能制造的过程中，需坚持系统观念，统筹考虑人、信息系统和物理系统，对传统制造系统进行重构和扩展，加强系统集成，构建新型智能制造系统体系，并基于此制定智能制造发展战略，努力实现人机协作。人、信息系统、物理系统三者良性互动、协同创新、融合发展所形成的智能制造系统体系有望成为理解智能制造演进过程、构建智能制造技术体系、推动智能制造可持续发展的基础与支撑。

**数字化、智能化技术是共性赋能技术。**智能制造的发展离不开数字化、网络化、智能化各类赋能技术，其中，数字孪生技术与智能人机协作是关键。智能制造系统存在大量不确定性，而考虑人的因素的智能制造系统更是一个复杂巨系统。数字孪生包括人的数字孪生与物理机器的数字孪生，二者同等重要。在构建人的数字孪生与物理机器的数字孪生的基础上，可进一步运用大数据、人工智能（Artificial Intelligence，AI）等先进技术实现智能人机协作，进而实现智能制造的预期目标。

**新一代产业工人是关键因素。**第一次工业革命，动力机械的引入将工人从繁重的体力劳动中解放出来，进而转向掌握机器的使用技巧；第二次工业革命，标准化、流水线生产的出现使工人趋向于通过掌握相对单一的技能来完成特定工序的工作任务；第三次工业革命，计算机、微电子等技术的出现和普及催生了自动化生产，工人逐渐从直接操控机械设备向人机交互转变。智能制造拉开了新一轮工业革命的序幕，传统产业工人的角色定位已无法适应新场景、新技术和新问题，新一代产业工人应运而生。新一代信息技术不仅赋能制造系统本身，也将赋予工人多样化感知、认知和控制的能力。通过数字化、智能化等技术的赋能，新一代产业工人将充分发挥主观能动性和灵活性，这对智能制造系统的高效平稳运行具有不可替代的作用。

## 三、坚持以人为本，推动智能制造高质量发展

**坚持以人为本，突出智能制造中人的地位。**要统筹系统考虑人的因素，将以人为本的理念贯穿于智能制造系统的全生命周期过程（包括研发、设计、制造、管理、销售、服务等），充分考虑人（包括设计者、生产者、管理

者、用户等）的各种因素（如生理、认知、组织、文化、社会等），运用先进的数字化、网络化、智能化技术，充分发挥人与机器各自的优势协作完成各种工作任务，最大限度提高生产效率和质量，确保人员身心安全，满足用户个性化需求，促进社会可持续发展。

**坚持系统思维，引领社会层面形成共识。**目前，社会各界对于智能制造的理解存在一些误区，例如，部分人士将智能制造简单等同于“机器换人”，在具体推动智能制造发展中也存在很多疑惑，例如，智能化是否意味着机器完全代替人，怎样协调好工人就业与智能化之间的平衡问题。实际上，并非所有生产主体、所有任务都需要“机器换人”，而是需要通过不断尝试，找到适合不同领域特点的人机合作方式，努力构建“人机共融体”。要重点关注智能制造可能带来的安全隐私、工作环境、工人就业、数据治理等方面的问题，深入开展调查研究，尽快形成共识。

**坚持企业主体地位，促进人的全面发展。**作为发展智能制造的主体，企业要积极培养制造工程技术人员、智能制造专业人员和智能制造系统建设专业人员。企业要将以人为本作为发展智能制造的重要理念，运用先进适用的技术延长员工的职业生涯，努力让员工在智能制造技术的支持下更好地贡献价值，运用智能制造技术营造良好环境氛围，吸引年轻一代从事制造业工作。同时，要加快发展共享制造、服务型制造、绿色制造等新模式新业态，让智能制造更好地为人民美好生活服务。

“智能制造风正起，以人为本正当时。”智能制造将深刻影响人类社会的生产方式和生产关系。坚持以人为本，夯实智能制造主攻方向，推动制造业产业模式和企业形态实现根本性转变，促进中国制造业高质量发展，为加快推进新型工业化、建设制造强国提供有力支撑。

中国工程院院士
十四届全国政协常委
国家智能制造专家委员会副主任

# 名家荐言

首先，对该书的出版表示祝贺！该书的出版很有意义。自2017年中国工程院基于HCPS正式提出“新一代智能制造”的理论与模型架构以来，我国进行了广泛地实践与应用，实践证明：基于HCPS的“新一代智能制造”的理论与顶层设计是正确的、科学的，对实践是具有指导意义与价值的。同时，我国近五年的实践与应用又细化了、丰富了人们对基于HCPS的“新一代智能制造”的认知、理解与应用，形成了丰富的实践创新与应用创新的成果。该书又进一步吸收了部分实践创新与应用创新的成果。相信该书的出版，对于处在各种“新概念雾霾”中的一线同志来说，一定能发挥其积极的理念引导与实践指导的双重作用！

**毛光烈**

国家智能制造专家委员会委员

浙江省智能制造专家委员会主任

---

本书作者创新性提出以人为本的智能制造（人本智造）的理论模型与技术体系，凝结了作者理论研究与技术研究的思想精华，与欧盟提出的工业5.0的核心思想不谋而合，对未来工业和制造业的发展具有一定的指导性。思想和理念是行动的先导，基于HCPS的人本智造的思维模式、方法论和技术框架为智能制造创新实践提供了独特的视角。特将此书推荐给感兴趣的读者，以期共创智能制造的美好未来。

**Lihui Wang（王力翚）**

加拿大工程院院士

瑞典皇家理工大学教授

制造系统中人的因素，贯穿研发、设计、生产、管理到运维服务等各个环节。面对新工业革命和智能制造的发展趋势，怎么看待、理解、分析和研究生产制造系统中关于人的作用，是具有很高科学价值和应用价值的研究问题。《人本智造》一书尝试从理念、技术和应用多个维度回答上述问题，内容新颖、思路独特。特推荐给大家阅读、学习和应用。

**顾佩华**

加拿大工程院院士

天津大学教授

---

本书从以人为本的视角，以系统工程的思维入手，基于理论与实践、国际和国内、历史与未来，科学阐述了“人-信息-物理系统”交互协同的未来智能制造体系理论框架和典型应用，可为业界深入了解人本智造提供参考。

**鲁春丛**

中国工业互联网研究院院长

---

这是一本论述在发展智能制造过程中，人所起的核心作用的好书，观点新颖、富有创见，具有前瞻性和时代感。制造业生产方式的变革表明，提出并发展智能制造的是人，构成智能制造系统——“人-信息-物理系统”的主导者也是人，而且发展智能制造的宗旨也是为了满足人类对美好生活的渴望和需求。人本智造就是适应制造业未来发展的新生产模式，值得我们期待。

**屈贤明**

中国工程院战略咨询中心制造业研究室主任

国家制造强国建设战略咨询委员会委员

站在以人为本的视角来看新一代智能制造，本书从理念到技术与应用，为迷惘中的“机器换人”指明了“人机共融体”的路径与发展方向。

**吴晓波**

浙江大学社会科学学部主任

浙江大学求是特聘教授

教育部长江学者特聘教授

---

在智能技术和“人-信息-物理系统”的大背景下，全书贯穿“以人为本的智能制造（人本智造）”的崭新理念，阐述了人本智造的理念、技术、应用及研究进展，概括了制造业未来发展的新思路,填补了这方面的空白。作为从事人因工程、人机交互、工程心理学等人因科学领域近四十年的专业人员，我尤其高兴地看到，本书从人因科学角度为智能制造提出了解决方案，展示了人因科学在智能时代应用的新机遇，以及跨学科协同合作的重要性。

**许为**

浙江大学教授

国际人因学会（IEA）/国际心理科学学会（APS）Fellow

# 目 录

# 第1章
# 面向新一代智能制造的HCPS①

## 1.1 引言

智能制造是一个大概念，其内涵伴随着信息技术与制造技术的发展和融合而不断演进。目前，随着互联网、大数据、人工智能等技术的迅猛发展，智能制造正在加速向新一代智能制造迈进[1-13]。尽管智能制造的内涵不断演进[14-20]，但其根本目标始终都是提高质量、增加效率、降低成本，增强竞争力。从系统构成的角度看，智能制造系统是由人、信息系统和物理系统协同集成的人-信息-物理系统[21-24]，智能制造的实质是设计、构建和应用各种不同用途、不同层面的HCPS，当然，HCPS的内涵和技术体系也在不断演进。本章旨在探讨面向新一代智能制造的HCPS 2.0的内涵、特征、技术体系、实现架构，以及面临的挑战。

## 1.2 面向智能制造的HCPS的进化过程

### 1.2.1 制造系统发展的第一阶段：基于人-物理系统的传统制造

200多万年前，人类就会制造和使用工具[25]。从石器时代到青铜器时代，再到铁器时代，这种主要以人力和畜力为主要动力并使用简易工具的生产系统持续了上百万年。以蒸汽机的发明为标志的动力革命引发了第一次工

---

① 本章作者为周济、周艳红、王柏村、臧冀原，发表于《Engineering》2019年第4期，收录本书时有所修改。

业革命，以电机的发明为标志的动力革命引发了第二次工业革命，人类不断发明、创造与改进各种动力机器并使用它们来制造各种工业品[13]，这种由人和机器所组成的制造系统大量替代了人的体力劳动，提高了制造的质量和效率，社会生产力得以极大提高。

制造系统由人和物理系统（如机器）两大部分组成，因此称为人-物理系统（Human-Physical Systems，HPS），基于HPS的传统制造系统如图1-1所示。其中，物理系统（Physical Systems，P）是主体，工作任务通过物理系统完成；而人（Human，H）则是主宰，人是物理系统的创造者，同时又是物理系统的操作者，完成工作任务所需的感知、学习认知、分析决策与控制等均需由人完成。例如，在传统手工操作机床上加工零件时，需由操作者根据加工要求，通过手眼感知、分析决策并操作手柄控制刀具相对工件按希望的轨迹运动而完成加工任务。HPS的原理简图如图1-2所示。

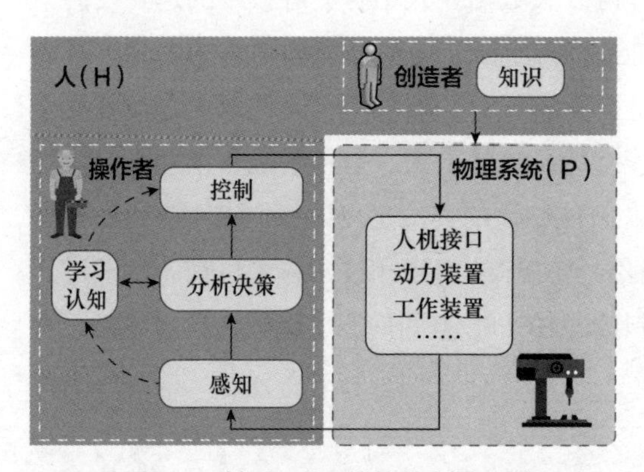


图1-1　基于HPS的传统制造系统

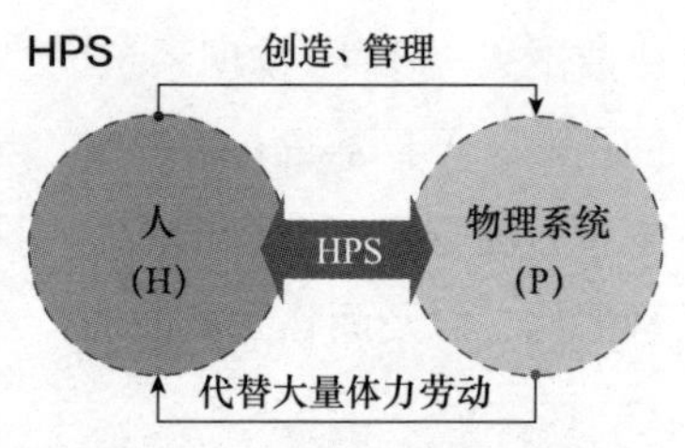


图1-2　HPS的原理简图

### 1.2.2　制造系统发展的第二阶段：基于HCPS 1.0的数字化制造

二十世纪中叶以后，随着制造业对技术进步的需求不断增加，以及计算机、通信和数字控制等信息化技术的发明和广泛应用，制造系统进入数字化制造时代[26-28]，以数字化为标志的信息革命引领和推动了第三次工业革命[29, 30]。

与传统制造相比，数字化制造最本质的变化是在人和物理系统之间增加了信息系统（Cyber System，C），从原来的人-物理二元系统发展成为人-信息-物理三元系统，HPS进化成HCPS（见图1-3）。信息系统由软件和硬件组成，主要作用是对输入的信息进行各种计算分析，并代替操作者去控制物理系统并完成工作任务。例如，与上述传统手工操作机床加工系统对应的是数控机床加工系统，它在人和机床之间增加了计算机数控系统，操作者只需根据加工要求，将加工过程中需要的刀具与工件的相对运动轨迹、主轴速度、进给速度等按规定的格式编成加工程序，计算机数控系统即可根据该程序控制机床自动完成加工任务[31]。

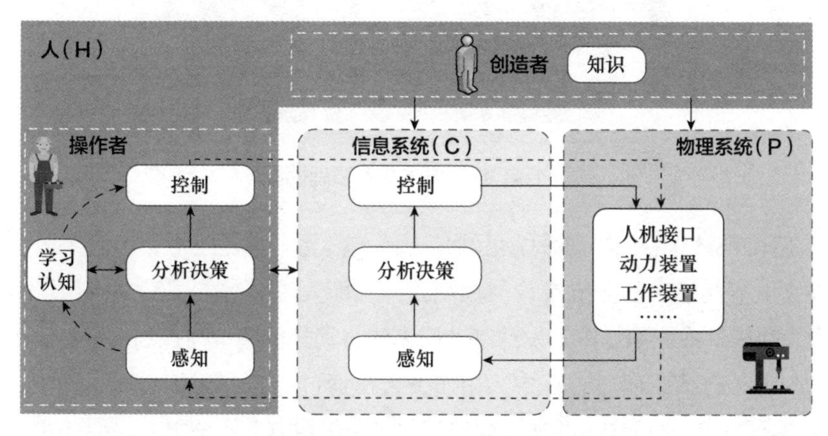


图 1-3　基于 HCPS 1.0 的数字化制造

数字化制造可定义为第一代智能制造，故而面向数字化制造的HCPS可定义为HCPS 1.0。与HPS相比，HCPS 1.0集成人、信息系统和物理系统的各自优势，其能力尤其是计算分析、精确控制和感知能力等都得以极大提高，其结果是：一方面，制造系统的自动化程度、工作效率、质量与稳定性、解决复杂问题的能力等方面均显著提升；另一方面，不仅使操作者的体力劳动强度得到进一步降低，更重要的是，人类的部分脑力劳动也可由信息系统完成，知识的传播利用和传承效率都得以有效提高。HCPS 1.0的原理简图如图1-4所示。

从二元系统HPS到三元系统HCPS，由于信息系统的引入，使制造系统同时增加了人-信息系统（Human-Cyber Systems，HCS）和信息-物理系统（Cyber-Physical Systems，CPS）[22, 32-34]。美国学术界在二十一世纪初提出了CPS的理论[35, 36]，德国工业界将其作为工业4.0的核心技术[37, 38]。

此外，从机器的角度看，信息系统的引入也使机器的内涵发生了本质变化，机器不再是传统的一元系统，而变成了由信息系统与物理系统构成的二元系统，即信息-物理系统（智能机器），因此，第三次工业革命可以看作是第二次机器革命的开始[13]。

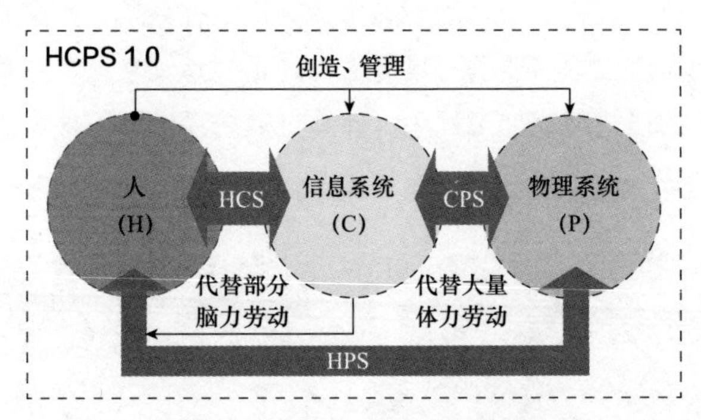


图 1-4 HCPS 1.0 的原理简图

在HCPS 1.0中，物理系统仍然是主体；信息系统是主导，信息系统在很大程度上取代了人的分析决策与控制工作；而人依然起着主宰的作用[39]。物理系统和信息系统都是由人设计制造出来的，其分析决策与控制的模型、方法和准则等都在系统研发过程中，由研发人员通过综合利用相关理论知识、经验、实验数据等来确定，并通过编程等方式固化到信息系统中；这种HCPS 1.0的使用效果在很大程度上依然取决于操作者的知识与经验。例如，对于数控机床加工系统，操作者不仅需要预先将加工工艺知识与经验编入加工程序中，同时还需要对加工过程进行监控和必要的调整优化。

### 1.2.3 制造系统发展的第三阶段：基于HCPS 1.5的数字化网络化制造

二十世纪末，互联网技术快速发展并得到广泛普及和应用，推动制造业从数字化制造向数字化网络化制造（Smart Manufacturing）转变[16, 40, 41]。数字化网络化制造本质是“互联网+数字化制造”，可定义为“互联网+”制造，亦可定义为第二代智能制造。数字化网络化制造系统仍然是由人、信息系统、物理系统三部分组成的HCPS（见图1-5），但这三部分相对于面向数字化制造的HCPS 1.0均发生了根本性的变化，故而面向数字化网络化制造的HCPS可定义为HCPS 1.5。其最大的变化在于信息系统，工业互联网和云平台成为信息系统的重要组成部分，既连接信息系统，又连接物理系统，还连接人，是系统集成的工具；信息互通与协同集成优化成为信息系统的重要内容。同时，HCPS 1.5 中的人已经延伸成为由网络连接起来的共同进行价值创造的群体，涉及企业内部、供应链、销售服务链和客户，使制造业的产业模式从以产品为中心向以客户为中心转变，产业形态从生产型制造向生产服务型制造转变。

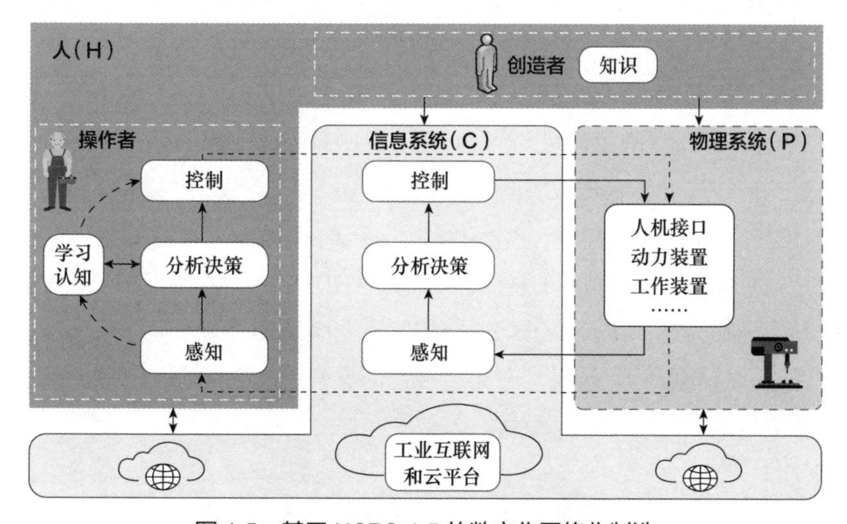


图 1-5　基于 HCPS 1.5 的数字化网络化制造

数字化网络化制造的实质是有效解决"连接"问题，通过网络将相关的人、流程、数据和事物等连接起来，通过企业内、企业间的协同和各种资源的共享与集成优化，重塑制造业的价值链。例如，数控机床的设计制造商及其关键零部件供应商均可通过网络对自己的产品进行远程运维服务，与数控机床应用企业共同创造价值；数控机床应用企业也可以通过网络实现其加工过程与工艺设计、生产调度、物流管理等的信息互通与集成优化[31, 42, 43]。

### 1.2.4　制造系统发展的第四阶段：基于 HCPS 2.0 的新一代智能制造

当今世界，各国制造企业普遍面临着进一步提高质量、增加效率、快速响应市场的强烈需求，制造业亟需一场革命性的产业升级。从技术上讲，基于 HCPS 1.5 的数字化网络化制造还难以克服制造业发展所面临的巨大问题。解决问题，迎接挑战，制造业对技术创新、智能升级提出了迫切要求。

二十一世纪以来，互联网、云计算、大数据等信息技术日新月异、飞速发展，并极其迅速地普及应用，形成了群体性跨越[12, 44-46]。这些历史性的技术进步，集中汇聚在新一代人工智能的战略性突破，新一代人工智能已经成为新一轮科技革命的核心技术。

新一代人工智能技术与先进制造技术的深度融合，形成了新一代智能制造技术，成为新一轮工业革命的核心驱动力[1]。新一代智能制造的突破和广泛应用将重塑制造业的技术体系、生产模式、产业形态，以人工智能为标志的信息革命引领和推动着第四次工业革命。

面向新一代智能制造系统的HCPS如图1-6所示，与面向数字化网络化制造的HCPS 1.5相比，面向新一代智能制造系统的HCPS发生了本质性变化，因此，面向新一代智能制造的HCPS可定义为HCPS 2.0。最重要的变化发生在起主导作用的信息系统，HCPS 2.0中的信息系统增加了基于新一代人工智能技术的学习认知部分，不仅具有更加强大的感知、分析决策与控制的能力，更具有学习认知的能力，即拥有了真正意义上的“人工智能”；信息系统中的“知识库”是由人和信息系统自身的学习认知系统共同建立，它不仅包含人输入的各种知识，更重要的是包含信息系统通过自身学习得到的知识，尤其是那些人类难以描述的知识，知识库可以在使用过程中通过不断学习而不断积累、不断完善、不断优化。人和信息系统的关系发生了根本性的变化，即从“授之以鱼”变成了“授之以渔”[1, 2, 6]。HCPS 2.0的原理简图如图1-7所示。

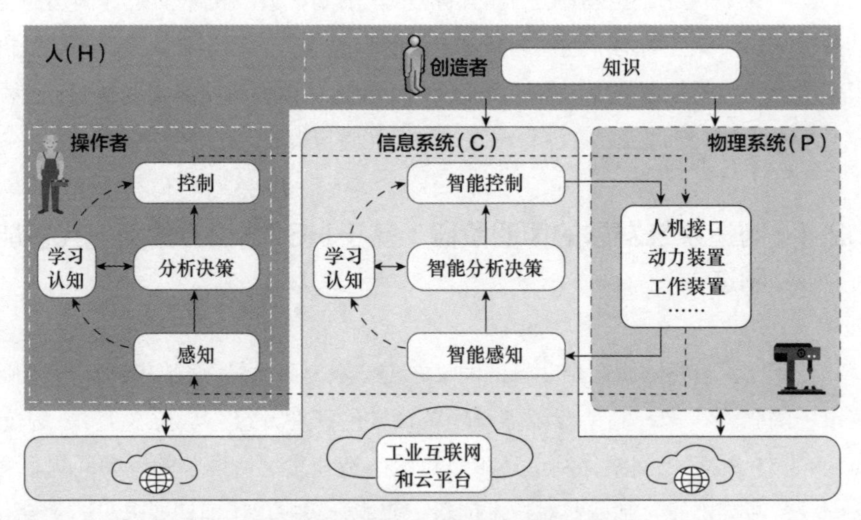


图1-6　面向新一代智能制造系统的HCPS

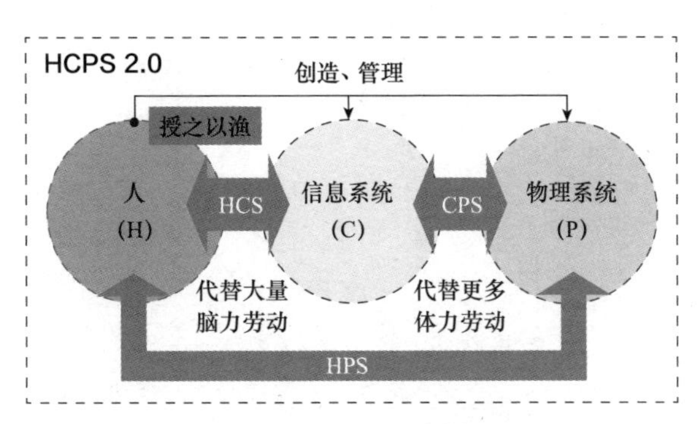


图 1-7　HCPS 2.0 的原理简图

面向新一代智能制造的HCPS 2.0不仅使制造知识的产生、利用、传承和积累效率发生革命性变化，而且大大提高制造系统处理不确定性和复杂性问题的能力，极大改善制造系统的建模与决策效果。对于智能机床加工系统，在感知与机床、加工、工况、环境有关的信息基础上，通过学习认知建立整个加工系统的数字孪生模型，并通过其进行分析决策与控制，实现加工过程的优质、高效和低耗运行[42, 43]。

新一代智能制造进一步突出了人的中心地位[24, 50-56]，智能制造将更好地为人类服务；同时，人作为制造系统的创造者和操作者的能力和水平将得以极大提高，人类智慧的潜能将得以极大释放，社会生产力将得以极大解放。知识工程将使人类从大量脑力劳动和更多体力劳动中解放出来，人类可以从事更有价值的创造性工作。

面向智能制造的HCPS随着信息技术的不断进步而不断发展，而且呈现出发展的层次性和阶段性（见图1-8），从最早形态的HPS到HCPS 1.0，再到HCPS 1.5和HCPS 2.0，这种从低级到高级、从局部到整体的发展趋势将永无止境。

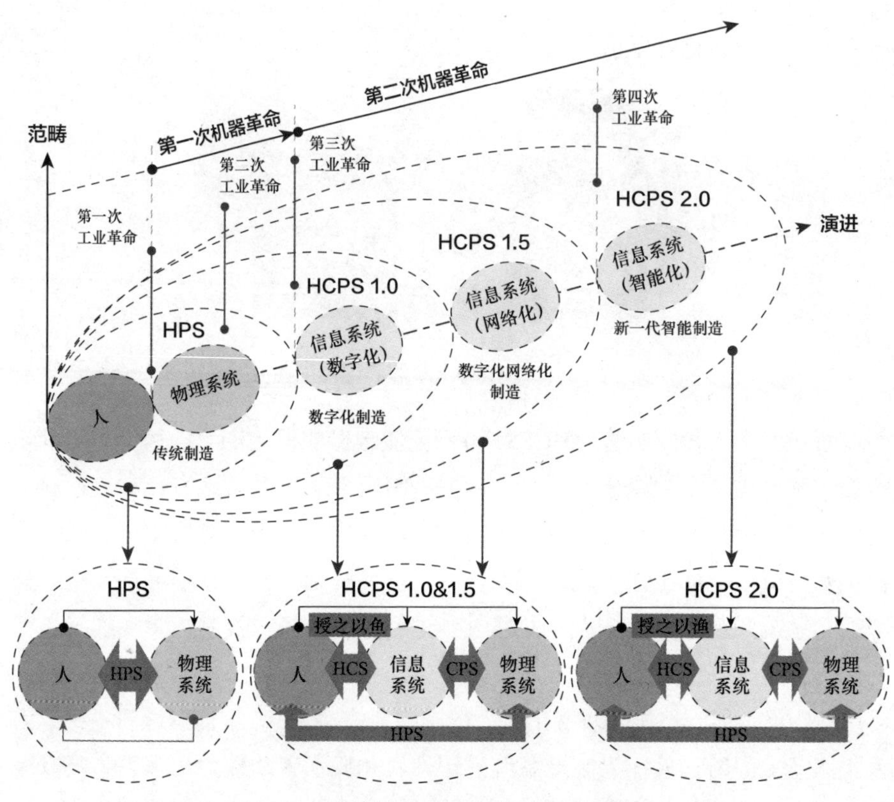


图 1-8　面向智能制造的 HCPS 的发展趋势

# 1.3　面向新一代智能制造的HCPS 2.0的内涵

面向新一代智能制造的HCPS 2.0既是一种新的制造系统，也是一种新的技术体系，是有效解决制造业转型升级各种问题的一种新的普适性方案，其内涵可以从系统和技术等视角进行描述。

## 1.3.1　系统视角

从系统视角看，面向新一代智能制造的HCPS 2.0是为了实现一个或多个制造目标，由相关的人、信息系统和物理系统有机组成的综合智能系统。其中，物理系统是主体，是制造活动能量流与物质流的执行者，是制造活动的完成者；拥有人工智能的信息系统是主导，是制造活动信息流的核心，帮助人对物理系统进行必要的感知、分析决策与控制，使物理系统尽可能以最优的方式运行。人是主宰，一方面，人是物理系统和信息系统的创造者，即使信息系统拥有强大的“智能”，这种“智能”也是人赋予的；另一方面，人是物理系统和信息系统的操作者，系统的最高决策和控制都必须由人牢牢把握。从根本上说，无论是物理系统还是信息系统，都是为人类服务的。总而言之，对于新一代智能制造，制造是主体，智能是主导，人是主宰。

面向新一代智能制造的HCPS 2.0需要解决产品全生命周期中的研发、生产、销售、服务、管理等所有环节及其系统集成的问题，极大提高质量、效率与竞争力。新一代智能制造的实质就是构建与应用各种不同用途、不同层次的HCPS 2.0，并最终集成为一个有机的、面向整个制造业的HCPS 2.0网络系统，使社会生产力得以革命性提升。因此，面向新一代智能制造的HCPS 2.0从总体上呈现出智能性、大系统和大集成三大主要特征。

第一，智能性是面向新一代智能制造的HCPS 2.0最基本的特征，即系统能不断自主学习与调整以使自身行为始终趋于最优。

第二，面向新一代智能制造的HCPS 2.0是一个大系统，由智能产品、智能生产及智能服务三大功能系统，以及智能制造云和工业互联网两大支撑系统集合而成[46, 57, 58]。其中，智能产品是主体，智能生产是主线，以智能服务为中心的产业模式变革是主题。工业互联网和智能制造云是支撑智能制造的基础。

第三，面向新一代智能制造的HCPS 2.0呈现出前所未有的大集成特征[59-61]，企业内部研发、生产、销售、服务、管理等过程实现动态智能集成，即纵向集成；企业与企业之间基于工业互联网与智能云平台，实现集成、共享、协作和优化，即横向集成；制造业与上下游产业的深度融合形成服务型制造业和生产型服务业共同发展的新业态；智能制造与智能城市、智能交通、智能医疗、智能农业等交融集成，共同形成智能生态大系统——智能社会。

### 1.3.2　技术视角

从技术本质看，面向新一代智能制造的HCPS 2.0通过新一代人工智能技术赋予信息系统强大的“智能”，从而带来三个重大技术进步[6, 62]。

第一，信息系统具有解决不确定性和复杂性问题的能力，解决复杂问题的方法从“强调因果关系”的传统模式向“强调关联关系”的创新模式转变，进而向“关联关系”和“因果关系”深度融合的先进模式发展，从根本上提高制造系统建模的能力，有效实现制造系统的优化。

第二，信息系统拥有学习与认知能力，具备生成知识并更好地运用知识的能力[2, 47-49, 63-65]，使制造知识的产生、利用、传承和积累效率均发生革命性变化，显著提升知识作为核心要素的边际生产力。

第三，形成人机混合增强智能，使人的智慧与机器智能的各自优势得以充分发挥并相互启发地增长，释放人类智慧的创新潜能，提升制造业的创新能力。

总体而言，HCPS 2.0目前还处于“弱”人工智能技术应用阶段，新一代人工智能还在极速发展的过程中，将继续从“弱”人工智能迈向“强”人工智能，面向新一代智能制造的HCPS 2.0技术也在极速发展之中。

HCPS 2.0是有效解决制造业转型升级各种问题的一种新的普适性方案，可广泛应用于离散型制造和流程型制造的产品创新、生产创新、服务创新等制造价值链全过程创新，主要包含以下两个要点。

一方面，应用新一代人工智能技术对制造系统赋能。制造工程创新发展有许多途径，主要途径有两种，一是制造技术原始性创新，这种创新是根本性的，极为重要；二是应用共性赋能技术对制造技术赋能，二者结合形成创新的制造技术，对各行各业、各种各类制造系统升级换代，是一种革命性的集成式的创新，具有通用性、普适性。前三次工业革命的共性赋能技术分别是蒸汽机技术、电机技术和数字化技术，第四次工业革命的共性赋能技术是人工智能技术，这些共性赋能技术与制造技术的深度融合，引领和推动制造业革命性地转型升级。正因为如此，基于HCPS 2.0的智能制造是制造业创新发展的主攻方向，是制造业转型升级的主要路径，是新的工业革命的核心驱动力。

另一方面，新一代人工智能技术需要与制造领域技术深度融合，产生与升华成为制造领域知识，成为新一代智能制造技术。因为制造是主体，赋能技术是为制造升级服务的，只有与领域技术深度融合，才能真正发挥作用。制造技术是本体技术，为主体；智能技术是赋能技术，为主导；二者辩证统一、融合发展。因而，新一代智能制造工程，对于智能技术而言，是先进信息技术的推广应用工程；对于制造系统而言，是应用共性赋能技术对制造系统进行革命性集成的创新工程。

# 1.4 面向新一代智能制造的HCPS 2.0的技术体系

## 1.4.1 基于HCPS的智能制造总体架构

基于HCPS的智能制造总体架构可以从智能制造的价值维度、技术维度和组织维度进行描述[66, 67]（见图1-9）。

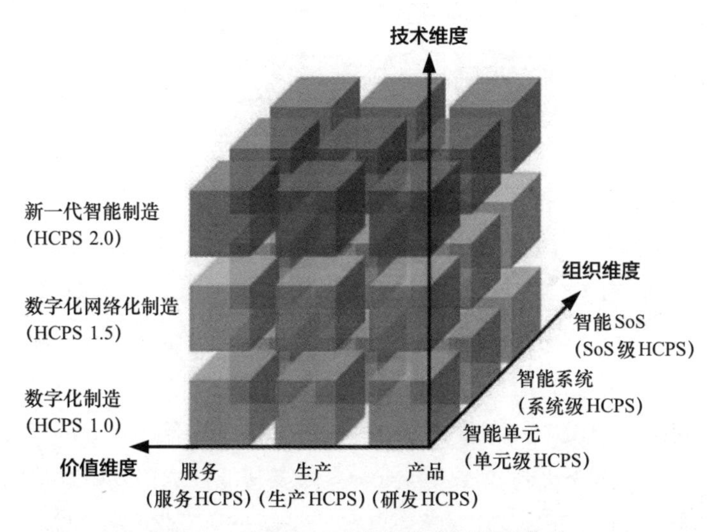


图 1-9　基于 HCPS 的智能制造总体架构

### 1.4.1.1 智能制造的价值维度与HCPS的功能属性

智能制造的根本目标是实现价值创造、价值优化，而构建与应用HCPS是实现价值创造、价值优化的手段。智能制造的价值实现主要体现在产品创新、生产智能化、服务智能化、系统集成四个方面[68, 69]，与此相对应，HCPS从用途上也可划分为产品研发HCPS、生产HCPS、服务HCPS和集成复合型HCPS。

产品创新一方面通过智能化等技术提高产品功能，带来更高的附加值和市场竞争力；另一方面通过设计创新提高设计质量与效率[70]。产品创新根据需要进一步细分为产品设计、评估验证等环节，产品研发HCPS也可依此进行细分。

生产智能化通过全面提升生产和管理水平实现生产的高质、柔性、高效与低耗[69, 71]。生产方面一般可细分为工艺设计、工艺过程、质量控制、生产管理等环节，其中某些环节还可进一步层层细分，例如，工艺过程可细分为若干产线及其集成，其中产线又可细分为若干装备及其集成。同理，生产HCPS也可相应层层分解。

服务智能化包括以用户为中心的产品全生命周期的各种服务[52, 68, 72, 73]，如定制服务、远程运维等，延伸发展为服务型制造业和生产型服务业。由此，智能服务HCPS亦可相应分解为定制服务HCPS、远程运维HCPS等。

系统集成作为新一代智能制造的重要特征，也是新一代智能制造实现价值创造的重要方面[4]。从HCPS的功能属性看，系统集成的结果将形成多功能的集成复合型HCPS系统。

#### 1.4.1.2 智能制造的技术维度与HCPS的技术属性

智能制造从技术演变的角度体现为数字化制造（HCPS 1.0），数字化网络化制造（HCPS 1.5）和新一代智能制造（HCPS 2.0）三个基本范式（见图1-10）。数字化制造是智能制造的基础，贯穿于三个基本范式，并不断演进发展；数字化网络化制造将数字化制造提高到一个新的水平，为智能制造提供必要的网络基础设施，打通了企业价值链；新一代智能制造是在前两种范式的基础上，通过先进制造技术与新一代人工智能技术集成所发挥的决定性作用，使制造具有真正意义上的人工智能，是新一轮工业革命的核心技术。

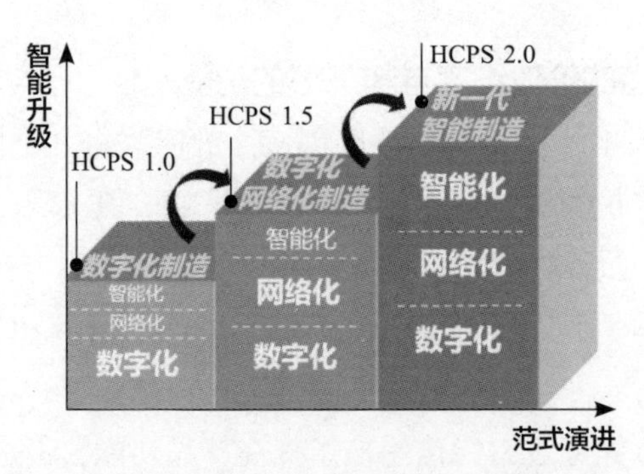


图 1-10　基于 HCPS 的智能制造三个基本范式

基于HCPS的智能制造的三个基本范式体现了智能制造发展的内在规律，一方面，三个基本范式次第展开，各有自身阶段的特点和需要重点解决的问题，体现着先进信息技术与制造技术融合发展的阶段性特征；另一方面，三个基本范式在技术上并不是完全分离的，而是相互交织、迭代升级的，体现着智能制造发展的融合性特征[30]。

#### 1.4.1.3 智能制造的组织维度与HCPS的系统属性

实施智能制造的组织包含单元级、系统级和系统之系统级三个层次，与之相对应，HCPS也包括单元级HCPS、系统级HCPS和系统之系统级HCPS三个层次[34, 74, 75]。

单元级HCPS是实现智能制造功能的最小单元，是由人、信息系统和物理系统构成的单元级HCPS。系统级HCPS通过工业网络集成多个智能单元，实现更大范围更广领域的数据自动流动，提高制造资源配置的广度、精度和深度，包括生产线、车间、企业等多种形式，形成系统级HCPS。系统之系统级HCPS是多个智能系统的有机结合，通过工业互联网平台，实现了跨系统、跨平台的集成，构建了开放、协同、共享的产业生态。面向智能制造的HCPS的三层结构模型如图1-11所示。

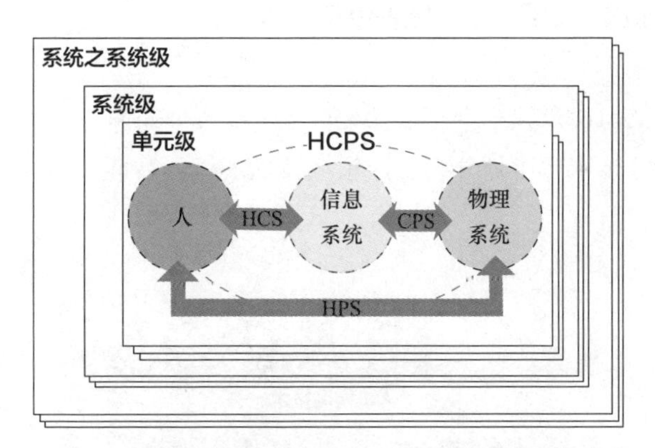


图1-11　面向智能制造的 HCPS 的三层结构模型

综上所述，基于HCPS 2.0的新一代智能制造的总体架构可用多层次分层结构模型描述（见图1-12）。

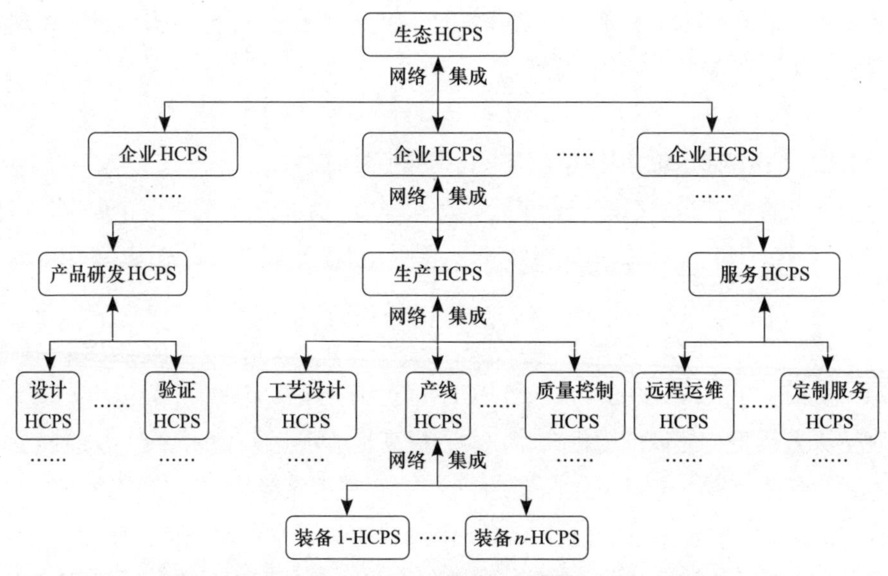


图 1-12　基于 HCPS 2.0 的新一代智能制造分层结构模型

## 1.4.2　单元级HCPS 2.0的关键技术

对于单元级HCPS 2.0，无论系统的用途和大小如何（设计系统、生产装备等），其关键技术都可划分为制造领域技术、机器智能技术、人机协同技术三大方面（见图1-13）。

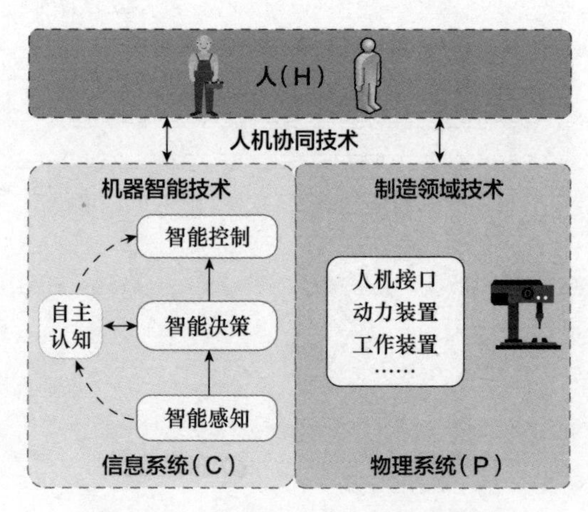


图 1-13　单元级 HCPS 的技术构成

#### 1.4.2.1　制造领域技术

制造领域技术是指HCPS中的物理系统所涉及的技术，是通用制造技术和专用领域技术的集合[9]。智能制造的根本在于制造，因此制造技术是面向智能制造的HCPS的基础关键技术。同时，智能制造既涉及离散型制造和流程型制造，又覆盖产品全生命周期的各个环节，因此相应的制造领域技术极其广泛[9]，可从多个角度对其进行分类，如按工艺原理可分为切削加工技术、铸造技术、焊接技术、塑性成型技术、热处理技术、定向凝固技术、增材制造技术等。

#### 1.4.2.2　机器智能技术

机器智能技术是指HCPS 2.0中的信息系统所涉及的技术，是人工智能技术与相关领域知识深度融合所形成的、能用于实现HCPS特定目标的技术。信息系统是HCPS的主导，其作用是帮助人对物理系统进行必要的感知、学习认知、分析决策与控制，以使物理系统尽可能以最优的方式运行，因而机器智能技术主要包括智能感知、自主认知、智能决策和智能控制四大部分。

1．智能感知

感知是学习认知、分析决策与控制的基础与前提。机器智能感知的任务是有效获取系统内部和外部的各种必要信息，包括信息的获取、传输和处理。部分关键技术包括感知方案的设计、高性能传感器、实时与智能数据采集等[76, 77]。

2．自主认知

认知的任务是有效获得实现系统目标所需的知识，是决定决策和控制效果的关键。HCPS 2.0的认知任务一般需由信息系统和人共同完成，因此需要解决机器自主认知和人机协同认知两大方面问题。其中，机器自主认知的核心任务是系统建模（包括参数辨识），关键技术涉及模型结构设计、参数辨识（学习）、评估优化等[78]。

3．智能决策

决策任务是评估系统状态并确定实现系统目标的行动方案。HCPS 2.0的决策任务一般也需由信息系统和人共同完成，因此需要解决机器智能决策和人机协同决策两大方面问题。其中，机器智能决策的关键技术涉及目标准则和决策函数的确定与优化等[67]。

4. 智能控制

控制任务是根据决策结果对系统进行操作调整以实现系统目标，需要解决人机控制的分工协同和机器自主控制两方面问题。其中，智能控制的核心是控制模型和控制策略的确定，其本质上属于认知与决策问题[78, 79]。

### 1.4.2.3 人机协同技术

智能制造面临的许多问题具有不确定性和复杂性，单纯的人类智能和机器智能都难以有效解决。人机协同的混合增强智能是新一代人工智能的典型特征[65]，人机协同技术是实现面向新一代智能制造的HCPS 2.0的核心关键技术，包括认知层面的人机协同、决策层面的人机协同和控制层面的人机协同[54, 55]。

单元级HCPS 2.0是新一代智能制造系统的基础。单元级HCPS 2.0的智能机床如图1-14所示，设计研发人员开发先进的信息系统，信息系统通过自主感知、自主学习、自主决策和自主控制等实现对机床加工（物理系统）的智能控制。

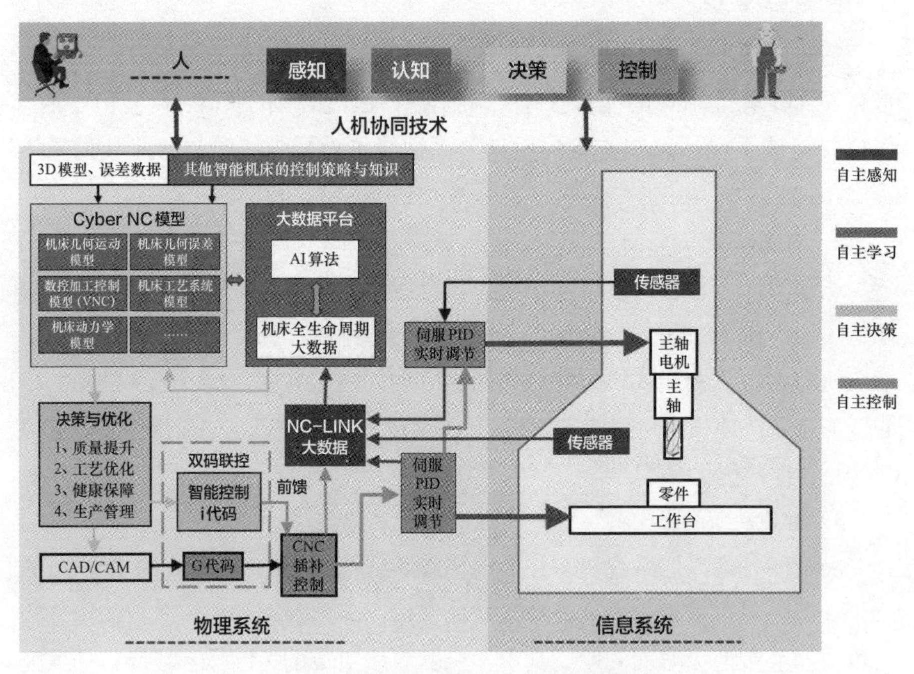


图1-14 单元级HCPS 2.0的智能机床

### 1.4.3　系统级与系统之系统级HCPS 2.0的关键技术

系统级与系统之系统级HCPS 2.0的本质特征均在于集成，以实现更大范围的信息集成与资源优化配置[4]。根据集成的广度与深度的不同，可划分为多个层次，如产线级、车间级（部门级）、企业级、行业级的开放、协同与共享的产业生态。各种层次的HCPS尽管集成的内容以及系统的功能不尽相同，但都具有本质上基本一致的组成与实现架构，企业级HCPS 2.0的系统组成与实现架构如图1-15所示，该架构通过建立企业级智能管理与决策系统并基于工业互联网与云平台实现对智能设计HCPS、智能生产HCPS、智能服务HCPS三个系统级HCPS的集成与优化。

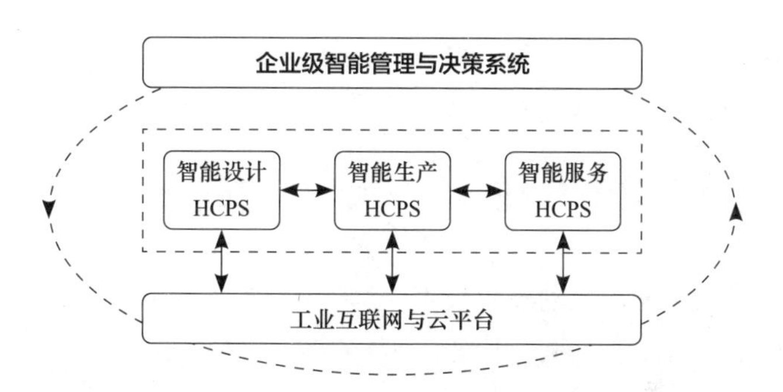


图1-15　企业级HCPS 2.0的系统组成与实现架构

在单元级HCPS 2.0关键技术的基础上，系统级与系统之系统级HCPS 2.0的关键技术主要是系统集成技术，包括工业互联网、云平台、工业大数据等共性关键技术[12, 45, 46, 73, 80, 81]，以及与实现系统集成管理与决策相关的技术，如智能决策技术与系统、智能生产调度技术与系统、智能安全管控技术与系统、智能能耗计量与管控技术与系统、智能物流仓储技术与系统等。

系统级HCPS[82]（见图1-16）可以让用户全流程参与进来，包括从提出设想到设计、下单，再到最后拿到产品的全过程。其精髓在于以用户为中心，核心是和用户的互联，即用户和全要素的互联、用户和机器的互联、用户和全流程的互联，最终实现大规模定制模式。

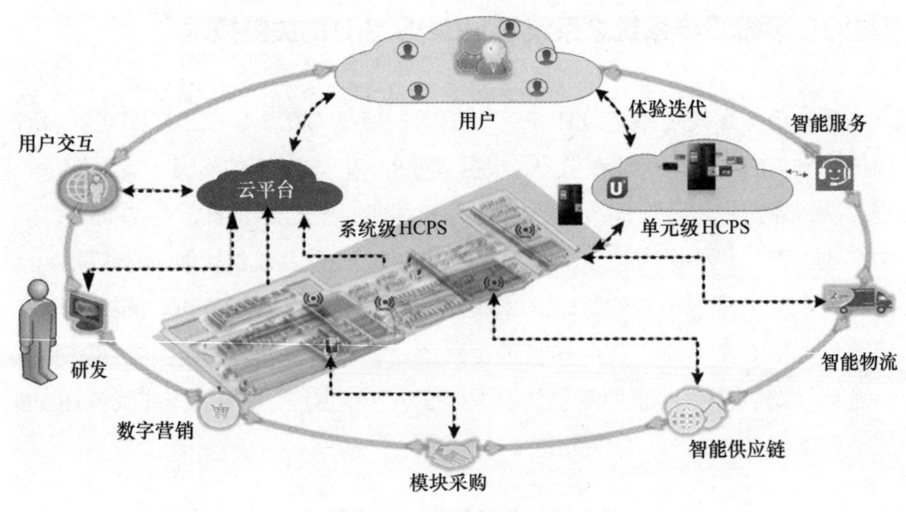


图 1-16 系统级 HCPS

# 1.5 基于HCPS 2.0的新一代智能制造面临的重大挑战

作为第四次工业革命的核心技术，基于HCPS 2.0的新一代智能制造涉及的方面之广泛、研究的问题之困难、面临的挑战之严峻，都是前所未有的[19, 35, 67, 83-90]。相对应于前文讨论过的三个重大技术进步，新一代智能制造面临的三个重大难题和严峻挑战为系统建模、知识工程和人机共生。

## 1.5.1 系统建模——数理建模与大数据智能建模的深度融合

系统建模是信息-物理系统和数字孪生技术的关键[37, 43, 68, 71, 91, 92]，有效建立制造系统不同层次的模型是实现制造系统优化决策与智能控制的基础前提。数理建模方法虽然可以深刻地揭示物理世界的客观规律[93]，但却难以胜任制造系统这种高度不确定性和复杂性问题[43, 69, 94]。大数据智能建模可以较好地解决智能制造系统建模中不确定性和复杂性问题[5, 47]。理论上，基于HCPS 2.0的新一代智能制造通过深度融合数理建模与大数据智能建模所形成的混合建模方法，可以从根本上提高制造系统建模的能力，主要面临以下挑战。

（1）在数据智能建模方面，如何在工业互联网的基础上高质量获取与应用工业大数据？如何实现大数据中知识的有效学习？如何进一步提高解决不

确定性和复杂性问题的能力？[44, 84, 88, 95-97]

（2）在混合建模方面，如何充分发挥两种主要建模方法的优势并形成新的混合建模方法？如何有效建立制造系统动力学和系统动力学的模型？[11, 62, 69, 93, 98]

## 1.5.2 知识工程——制造技术和智能技术的深度融合

新一代智能制造本质上是先进制造知识工程，制造系统通过数字化、网络化、智能化技术的赋能，使制造领域知识的产生、利用和传承发生革命性变化，进而升华成为更高层面更加先进的智能制造科学与技术[20, 99]，推动新一轮工业革命。先进制造知识工程由制造技术（本体技术）与智能技术（赋能技术）融合而成，因而挑战来自三个方面。

（1）制造技术自身发展面临的挑战，在设计、工艺、材料及产业形态等方面如何不断创新？[100-102]。

（2）智能技术自身发展面临的挑战，如何在通用性、稳健性、安全性等方面不断提升？“弱”人工智能如何向“强”人工智能发展？[2, 47, 48, 65]

（3）更重要的是制造技术与智能技术的跨界深度融合所面临的挑战[103-105]。智能技术如何有效对制造技术赋能？制造业的各个行业、各个领域如何运用智能技术来升华与发展制造领域知识？如何建立和优化各行各业、各种各类制造系统的动力学级别的数字孪生模型？如何跨越制造技术与智能技术相关学科之间、企业之间、专家之间的巨大鸿沟？制造业的企业家、技术专家、技能人才如何成为新一代智能制造创新的主力军？

## 1.5.3 人机共生——人与信息-物理系统的深度融合

基于HCPS的智能制造需要更加突出人的作用，形成人机共生形态[2, 24, 32, 33, 51-54, 56, 65]，这将带来多方面的挑战。

（1）如何最好地实现人与智能机器的任务分工与合作？[47, 65]

（2）如何实现人机协同的混合增强智能？[65]

（3）如何解决好人工智能与智能制造带来的安全、隐私和伦理等问题？[2, 90]

遵循“天人合一”这一中国古代哲学思想，在智能制造系统中，人类需要与信息-物理系统紧密合作、深度融合，最终达到人机共生的和谐状态[8, 24, 33,

[50-52, 56, 67]，实现制造业的智能升级，让智能制造更好地造福人类。

## 1.6 小结

智能制造系统是为了实现特定的价值创造目标，由相关的人、信息系统和物理系统有机组成的综合智能系统——人-信息-物理系统（HCPS），其中，物理系统是主体，信息系统是主导，人是主宰。HCPS揭示了智能制造的技术机理，也构成了智能制造的技术体系。实施智能制造的实质就是构建与应用各种不同用途、不同层次的HCPS。随着信息技术的发展，智能制造历经了数字化制造和数字化网络化制造，并正在向数字化网络化智能化制造——新一代智能制造演进。新一代智能制造的本质特征是新一代人工智能技术和先进制造技术的深度融合。本章从HCPS视角分析了智能制造系统的进化过程与趋势，重点探讨了面向新一代智能制造的HCPS的内涵、技术体系，以及面临的挑战。

## 参考文献

[1] ZHOU J, LI P, ZHOU Y, et al. Toward new-generation intelligent manufacturing[J]. Engineering, 2018, 4(1): 11-20.

[2] PAN Y. Heading toward artificial intelligence 2.0[J]. Engineering, 2016, 2(4): 409-413.

[3] ZHONG R Y, XU X, KLOTZ E, et al. Intelligent manufacturing in the context of industry 4.0: a review[J]. Engineering, 2017, 3(5): 616-630.

[4] CHEN Y. Integrated and intelligent manufacturing: perspectives and enablers[J]. Engineering, 2017, 3(5): 588-595.

[5] 潘云鹤等. 中国人工智能2.0发展战略研究[M]. 杭州：浙江大学出版社，2018.

[6] 李杰，邱伯华，刘宗长，等. CPS：新一代工业智能[M]. 上海：上海交通大学出版社，2017.

[7] 吴军. 智能时代：大数据与智能革命重新定义未来[M]. 北京：中信出版社，2016.
[8] 胡虎，赵敏，宁振波. 三体智能革命[M]. 北京：机械工业出版社，2016.
[9] 国家制造强国建设战略咨询委员会，中国工程院战略咨询中心. 智能制造[M]. 北京：电子工业出版社，2014.
[10] 谭建荣，刘达新，刘振宇，等. 从数字制造到智能制造的关键技术途径研究[J]. 中国工程科学，2017, 19(3): 39-44.
[11] 李伯虎，柴旭东，张霖，等. 面向新型人工智能系统的建模与仿真技术初步研究[J]. 系统仿真学报，2018, 30(2): 349.
[12] KUSIAK A. Smart manufacturing must embrace big data[J]. Nature, 2017, 544(7648): 23-25.
[13] BRYNJOLFSSON E, MCAFEE A. The second machine age: Work, progress, and prosperity in a time of brilliant technologies[M]. NY, USA:WW Norton & Company, 2014.
[14] KUSIAK A. Intelligent manufacturing[J]. Englewood Cliffs, NJ: System, Prentice-Hall, 1990.
[15] 杨叔子，丁洪. 智能制造技术与智能制造系统的发展与研究[J]. 中国机械工程，1992, 3(2): 18-21.
[16] 严隽琪. 数字化与网络化制造[J]. 工业工程与管理，2000 (1): 8-11.
[17] 熊有伦，吴波，丁汉. 新一代制造系统理论及建模[J]. 中国机械工程，2000 (1): 58-61.
[18] 路甬祥. 走向绿色和智能制造——中国制造发展之路[J]. 中国机械工程，2010, 21(4): 379-386.
[19] BONVILLIAN W B. Advanced manufacturing policies and paradigms for innovation[J]. Science, 2013, 342(6163): 1173-1175.
[20] 姚锡凡，刘敏，张剑铭，等. 人工智能视角下的智能制造前世今生与未来[J]. 计算机集成制造系统，2019, 25(1): 19-34.
[21] NUNES D, SILVA J S, BOAVIDA F. A practical introduction to human-in-the-loop cyber-physical systems[M]. NY, USA: John Wiley & Sons, 2018.
[22] KRUGH M, MEARS L. A complementary cyber-human systems framework for industry 4.0 cyber-physical systems[J]. Manufacturing letters, 2018, 15: 89-92.

[23] SCHIRNER G, ERDOGMUS D, CHOWDHURY K, et al. The future of human-in-the-loop cyber-physical systems[J]. Computer, 2013, 46(1): 36-45.

[24] SOWE S K, SIMMON E, ZETTSU K, et al. Cyber-physical-human systems: Putting people in the loop[J]. IT professional, 2016, 18(1): 10-13.

[25] HARARI Y N. Sapiens: A brief history of humankind[M]. NY, USA: Random House, 2014.

[26] BROWN RG. Driving digital manufacturing to reality[C]. // Simulation Conference, 2000. Proceedings. Winter Orlando. FL, USA. Piscataway: IEEE, 2000: 224-228.

[27] CHRYSSOLOURIS G, MAVRIKIOS D, PAPAKOSTAS N, et al. Digital manufacturing: history, perspectives, and outlook[J]. Proceedings of the Institution of Mechanical Engineers, Part B: Journal of Engineering Manufacture, 2009, 223(5): 451-462.

[28] CHEN D, HEYER S, IBBOTSON S, et al. Direct digital manufacturing: definition, evolution, and sustainability implications[J]. Journal of Cleaner Production, 2015, 107: 615-625.

[29] WIENER N. Cybernetics or control and communication in the animal and the machine[M]. Cambridge: MIT press, 2019.

[30] 臧冀原，王柏村，孟柳，等. 智能制造的三个基本范式：从数字化制造，“互联网+” 制造到新一代智能制造[J]. 中国工程科学，2018, 20(4): 13-18.

[31] XU X W, NEWMAN S T. Making CNC machine tools more open, interoperable and intelligent—a review of the technologies[J]. Computers in Industry, 2006, 57(2): 141-152.

[32] FONSECA F, MARCINKOWSKI M, DAVIS C. Cyber-human systems of thought and understanding[J]. Journal of the Association for Information Science and Technology, 2019, 70(4): 402-411.

[33] PAPCUN P, KAJÁTI E, KOZIOREK J. Human machine interface in concept of industry 4.0[C]//2018 World Symposium on Digital Intelligence for Systems and Machines (DISA). Slovakia: IEEE, 2018: 289-296.

[34] 中国信息物理系统发展论坛，信息物理系统白皮书（2017）[EB/OL]. (2017) [2022-7-6]. http://www.cesi.ac.cn/201703/2251.html

[35] LEE E A. Cyber physical systems: Design challenges[C]//2008 11th IEEE international symposium on object and component-oriented real-time distributed computing (ISORC). Orlando, FL, USA: IEEE, 2008: 363-369.

[36] LEE E A. Cyber-physical systems-are computing foundations adequate[C]// Position paper for NSF workshop on cyber-physical systems: research motivation, techniques and roadmap. Austin, TX: Department of EECS, UC Berkeley , 2006: 1-9.

[37] MONOSTORI L, KÁDÁR B, BAUERNHANSL T, et al. Cyber-physical systems in manufacturing[J]. Cirp Annals, 2016, 65(2): 621-641.

[38] LEE J, BAGHERI B, KAO H A. A cyber-physical systems architecture for industry 4.0-based manufacturing systems[J]. Manufacturing letters, 2015, 3: 18-23.

[39] MUNIR S, STANKOVIC J A, LIANG C J M, et al. Cyber physical system challenges for human-in-the-loop control[C]//8th International Workshop on Feedback Computing. California, USA. USENIX, 2013.

[40] 杨叔子，吴波，胡春华，等. 网络化制造与企业集成[J]. 中国机械工程，2000 (1): 54-57.

[41] MITTAL S, KHAN M A, ROMERO D, et al. Smart manufacturing: Characteristics, technologies and enabling factors[J]. Proceedings of the Institution of Mechanical Engineers, Part B: Journal of Engineering Manufacture, 2019, 233(5): 1342-1361.

[42] XU X. Machine Tool 4.0 for the new era of manufacturing[J]. The International Journal of Advanced Manufacturing Technology, 2017, 92(5): 1893-1900.

[43] CHEN J, YANG J, ZHOU H, et al. CPS modeling of CNC machine tool work processes using an instruction-domain based approach[J]. Engineering, 2015, 1(2): 247-260.

[44] EVANS P C, ANNUNZIATA M. Industrial internet: Pushing the boundaries[J]. General Electric Reports, 2012: 488-508.

[45] JOHN WALKER S. Big data: A revolution that will transform how we live, work, and think[J]. International Journal of Advertising, 2015, 33(1): 181-183.

[46] LI B H, ZHANG L, WANG S L, et al. Cloud manufacturing: a new service-

oriented networked manufacturing model[J]. Computer integrated manufacturing systems, 2010, 16(1): 1-7.

[47] ZHUANG Y, WU F, CHEN C, et al. Challenges and opportunities: from big data to knowledge in AI 2.0[J]. Frontiers of Information Technology & Electronic Engineering, 2017, 18(1): 3-14.

[48] LI W, WU W, WANG H, et al. Crowd intelligence in AI 2.0 era[J]. Frontiers of Information Technology & Electronic Engineering, 2017, 18(1): 15-43.

[49] ZHU J, HUANG T, CHEN W, et al. The future of artificial intelligence in China[J]. Communications of the ACM, 2018, 61(11): 44-45.

[50] NUNES D S, ZHANG P, SILVA J S. A survey on human-in-the-loop applications towards an internet of all[J]. IEEE Communications Surveys & Tutorials, 2015, 17(2): 944-965.

[51] PACAUX-LEMOINE M P, TRENTESAUX D, REY G Z, et al. Designing intelligent manufacturing systems through Human-Machine Cooperation principles: A human-centered approach[J]. Computers & Industrial Engineering, 2017, 111: 581-595.

[52] TRENTESAUX D, MILLOT P. A Human-Centred design to break the myth of the "Magic Human" in intelligent manufacturing systems[M]. Berlin, Germany: Springer International Publishing, 2016.

[53] ROMERO D, STAHRE J, WUEST T, et al. Towards an operator 4.0 typology: a human-centric perspective on the fourth industrial revolution technologies[C]//proceedings of the international conference on computers and industrial engineering (CIE46). Tianjin, China: International Scientific Committees, 2016: 29-31.

[54] ROMERO D, BERNUS P, NORAN O, et al. The operator 4.0: Human cyber-physical systems & adaptive automation towards human-automation symbiosis work systems[C]//IFIP international conference on advances in production management systems. Cham, Switzerland: Springer, Cham, 2016: 677-686.

[55] ROMERO D, NORAN O, STAHRE J, et al. Towards a human-centred reference architecture for next generation balanced automation systems: human-

automation symbiosis[C]//IFIP international conference on advances in production management systems. Cham, Switzerland: Springer, Cham, 2015: 556-566.

[56] PACAUX-LEMOINE M P, BERDAL Q, ENJALBERT S, et al. Towards human-based industrial cyber-physical systems[C]//2018 IEEE Industrial Cyber-Physical Systems (ICPS). Russian: IEEE, 2018: 615-620.

[57] 张平，刘会永，李文璟，等. 工业智能网——工业互联网的深化与升级[J]. 通信学报，2018, 39(12): 134-140.

[58] TAO F, CHENG Y, DA XU L, et al. CCIoT-CMfg: cloud computing and internet of things-based cloud manufacturing service system[J]. IEEE Transactions on industrial informatics, 2014, 10(2): 1435-1442.

[59] TAKI H. Towards technological innovation of society5.0[J]. Journal-Institute of Electrical Engineers of Japan, 2017, 137(5): 275-275.

[60] XIONG G, ZHU F, LIU X, et al. Cyber-physical-social system in intelligent transportation[J]. IEEE/CAA Journal of Automatica Sinica, 2015, 2(3): 320-333.

[61] CASSANDRAS C G. Smart cities as cyber-physical social systems[J]. Engineering, 2016, 2(2): 156-158.

[62] WANG J, MA Y, ZHANG L, et al. Deep learning for smart manufacturing: Methods and applications[J]. Journal of manufacturing systems, 2018, 48: 144-156.

[63] LI B, HOU B, YU W, et al. Applications of artificial intelligence in intelligent manufacturing: a review[J]. Frontiers of Information Technology & Electronic Engineering, 2017, 18(1): 86-96.

[64] PENG Y, ZHU W, ZHAO Y, et al. Cross-media analysis and reasoning: advances and directions[J]. Frontiers of Information Technology & Electronic Engineering, 2017, 18(1): 44-57.

[65] ZHENG N, LIU Z, REN P, et al. Hybrid-augmented intelligence: collaboration and cognition[J]. Frontiers of Information Technology & Electronic Engineering, 2017, 18(2): 153-179.

[66] 王春喜，王成城，汪烁. 智能制造参考模型对比研究[J]. 仪器仪表标准化与计量，2017 (4): 1-7.

[67] MA M, LIN W, PAN D, et al. Data and decision intelligence for human-in-

the-loop cyber-physical systems: reference model, recent progresses and challenges[J]. Journal of Signal Processing Systems, 2018, 90(8): 1167-1178.

[68] TAO F, CHENG J, QI Q, et al. Digital twin-driven product design, manufacturing and service with big data[J]. The International Journal of Advanced Manufacturing Technology, 2018, 94(9): 3563-3576.

[69] VOGEL-HEUSER B, WILDERMANN S, TEICH J. Towards the co-evolution of industrial products and its production systems by combining models from development and hardware/software deployment in cyber-physical systems[J]. Production Engineering, 2017, 11(6): 687-694.

[70] LIU S X, LIU H, ZHANG Y. The new role of design in innovation: A policy perspective from China[J]. The Design Journal, 2018, 21(1): 37-58.

[71] UHLEMANN T H J, LEHMANN C, STEINHILPER R. The digital twin: Realizing the cyber-physical production system for industry 4.0[J]. Procedia Cirp, 2017, 61: 335-340.

[72] HU S J. Evolving paradigms of manufacturing: From mass production to mass customization and personalization[J]. Procedia Cirp, 2013, 7: 3-8.

[73] LEE J, ARDAKANI H D, YANG S, et al. Industrial big data analytics and cyber-physical systems for future maintenance & service innovation[J]. Procedia cirp, 2015, 38: 3-7.

[74] 中国电子技术标准化研究院. 工业互联网平台标准化白皮书（2018）[EB/OL]. (2017)[2022-7-6]. http://www.cesi.ac.cn/201802/3570.html.

[75] 中国电子技术标准化研究院等. 工业物联网白皮书（2017）[EB/OL].（2017-9-13）[2022-7-6]. http://www.cesi.cn/201709/2919.html.

[76] PAULOVICH F V, DE OLIVEIRA M C F, OLIVEIRA JR O N. A future with ubiquitous sensing and intelligent systems[J]. ACS sensors, 2018, 3(8): 1433-1438.

[77] FUJISHIMA M, MORI M, NISHIMURA K, et al. Development of sensing interface for preventive maintenance of machine tools[J]. Procedia CIRP, 2017, 61: 796-799.

[78] GÜNTHER J, PILARSKI P M, HELFRICH G, et al. Intelligent laser welding through representation, prediction, and control learning: An architecture with

deep neural networks and reinforcement learning[J]. Mechatronics, 2016, 34: 1-11.

[79] LI H X, SI H. Control for intelligent manufacturing: a multiscale challenge[J]. Engineering, 2017, 3(5): 608-615.

[80] KAGERMANN H, HELBIG J, HELLINGER A, et al. Recommendations for implementing the strategic initiative INDUSTRIE 4.0: Securing the future of German manufacturing industry; final report of the Industrie 4.0 Working Group[M]. Berlin, Germany: Forschungsunion, 2013.

[81] ZHANG L, LUO Y, TAO F, et al. Cloud manufacturing: a new manufacturing paradigm[J]. Enterprise Information Systems, 2014, 8(2): 167-187.

[82] 曹仰锋. 海尔COSMOPlat平台：赋能生态[J]. 清华管理评论，2018(11): 28-34.

[83] CHEN B, WAN J, SHU L, et al. Smart factory of industry 4.0: Key technologies, application case, and challenges[J]. Ieee Access, 2017, 6: 6505-6519.

[84] LI J Q, YU F R, DENG G, et al. Industrial internet: A survey on the enabling technologies, applications, and challenges[J]. IEEE Communications Surveys & Tutorials, 2017, 19(3): 1504-1526.

[85] BONVILLIAN W B. Advanced manufacturing: a new policy challenge[J]. Annals of science and technology policy, 2017, 1(1): 1-131.

[86] SHI W, CAO J, ZHANG Q, et al. Edge computing: Vision and challenges[J]. IEEE internet of things journal, 2016, 3(5): 637-646.

[87] SADEGHI A R, WACHSMANN C, WAIDNER M. Security and privacy challenges in industrial internet of things[C]//2015 52nd ACM/EDAC/IEEE Design Automation Conference (DAC). San Francisco, CA, USA: IEEE, 2015: 1-6.

[88] LEE I, LEE K. The Internet of Things (IoT): Applications, investments, and challenges for enterprises[J]. Business horizons, 2015, 58(4): 431-440.

[89] FITZGERALD J, LARSEN P G, VERHOEF M. From embedded to cyber-physical systems: Challenges and future directions[M]//Collaborative design for embedded systems. Berlin, Heidelberg: Springer, 2014: 293-303.

[90] SADEGHI A R, WACHSMANN C, WAIDNER M. Security and privacy

challenges in industrial internet of things[C]//2015 52nd ACM/EDAC/IEEE Design Automation Conference (DAC). San Francisco, CA, USA: IEEE, 2015: 1-6.

[91] ROSEN R, VON WICHERT G, LO G, et al. About the importance of autonomy and digital twins for the future of manufacturing[J]. Ifac-papersonline, 2015, 48(3): 567-572.

[92] 陶飞，刘蔚然，张萌，等. 数字孪生五维模型及十大领域应用[J]. 计算机集成制造系统，2019, 25(1): 1-18.

[93] FOWLER J W, ROSE O. Grand challenges in modeling and simulation of complex manufacturing systems[J]. Simulation, 2004, 80(9): 469-476.

[94] STERMAN J D. System dynamics modeling: tools for learning in a complex world[J]. California management review, 2001, 43(4): 8-25.

[95] LI S, DA XU L, ZHAO S. 5G Internet of things: A survey[J]. Journal of Industrial Information Integration, 2018, 10: 1-9.

[96] MOURTZIS D, VLACHOU E, MILAS N. Industrial big data as a result of IoT adoption in manufacturing[J]. Procedia cirp, 2016, 55: 290-295.

[97] O'DONOVAN P, LEAHY K, BRUTON K, et al. Big data in manufacturing: a systematic mapping study[J]. Journal of Big Data, 2015, 2(1): 1-22.

[98] NEGAHBAN A, SMITH J S. Simulation for manufacturing system design and operation: Literature review and analysis[J]. Journal of manufacturing systems, 2014, 33(2): 241-261.

[99] HEDBERG JR T D, HARTMAN N W, ROSCHE P, et al. Identified research directions for using manufacturing knowledge earlier in the product life cycle[J]. International journal of production research, 2017, 55(3): 819-827.

[100] ESMAEILIAN B, BEHDAD S, WANG B. The evolution and future of manufacturing: A review[J]. Journal of manufacturing systems, 2016, 39: 79-100.

[101] FRAZIER W E. Metal additive manufacturing: a review[J]. Journal of Materials Engineering and performance, 2014, 23(6): 1917-1928.

[102] BUSNAINA A A, MEAD J, ISAACS J, et al. Nanomanufacturing and sustainability: opportunities and challenges[J]. Nanotechnology for

sustainable development, 2013: 331-336.

[103] LIANG S, RAJORA M, LIU X, et al. Intelligent manufacturing systems: a review[J]. International Journal of Mechanical Engineering and Robotics Research, 2018, 7(3): 324-330.

[104] TAO F, QI Q, LIU A, et al. Data-driven smart manufacturing[J]. Journal of Manufacturing Systems, 2018, 48: 157-169.

[105] JESCHKE S, BRECHER C, MEISEN T, et al. Industrial internet of things and cyber manufacturing systems[M]//Industrial internet of things. Cham, Switzerland: Springer, 2017: 3-19.

# 第2章
# 以人为本的智能制造：理念、技术与应用①

## 2.1 引言

当今世界正处于百年未有之大变局，特别是新一代信息技术与制造技术的持续深度融合，深刻改变着全球制造业的发展形态。面对以智能制造技术为核心的新一轮科技革命与产业变革，世界各国或地区都在积极采取行动[1,2]，推动制造业的转型升级，以确保本国制造业在未来工业发展中占据有利地位（见表2-1）。在这些国家战略或计划中，智能制造成为各个国家或地区构建本国制造业竞争优势的关键选择。同时，各国学术界和产业界也纷纷开展相关研究，为各国推进智能制造相关战略计划提供理论基础[1~5]。

近年来，中国不断加快智能制造领域的发展步伐。制造强国战略中明确提出，要以加快新一代信息技术与制造业深度融合为主线，以推进智能制造为主攻方向，按照“创新驱动、质量为先、绿色发展、结构优化、人才为本”方针，实现制造业由大变强的历史跨越[1]。2017年，国务院发布的《新一代人工智能发展规划》中详细阐述了人工智能的新特征，并明确提出智能制造是新一代AI的重要应用方向。与此同时，中国学术界提出了人-信息-物理系统的智能制造发展理论，并在此基础上分析了智能制造的范式演变，指明了未来二十年中国智能制造的发展战略和技术路线[1~3]。

基于HCPS的智能制造发展理论，以人为本的智能制造逐渐引起学界和业界的普遍关注，有望成为智能制造的一个重要发展方向。因此，本章将分析人本智造的发展背景，阐述人本智造的内涵与技术体系，分析人本智造的应用实

① 本章作者为王柏村、薛塬、延建林、杨晓迎、周源，发表于《中国工程科学》2020年第4期，收录本书时有所修改。

践，并在此基础上提出推动人本智造发展的若干对策建议。

表 2-1　世界各国或地区发布的工业 / 制造业战略计划

| 年　份 | 国家 / 地区（组织） | 名　称 |
| --- | --- | --- |
| 2008 | 欧盟 | 未来工厂（Factories of the Future） |
| 2011 | 美国 | “先进制造业伙伴”（Advanced Manufacturing Partnership）计划 |
| 2012 | 美国通用电气公司（GE） | 工业互联网（Industrial Internet: Pushing the Boundaries of Minds and Machines） |
| 2013 | 德国 | 工业4.0（Industrie 4.0） |
| 2013 | 英国 | 工业2050战略（The Future of Manufacturing：A New Era of Opportunity and Challenge for the UK） |
| 2014 | 韩国 | 制造业创新3.0战略（Manufacturing Industry Innovation 3.0 Strategy） |
| 2015 | 中国 | 制造强国战略 |
| 2015 | 法国 | 未来工业计划（Industrie du Futur） |
| 2016 | 日本 | 智能社会5.0（Society 5.0） |
| 2018 | 美国 | 美国先进制造领先战略（Strategy for American Leadership in Advanced Manufacturing） |
| 2019 | 德国 | 国家工业战略2030（Nationale Industriestrategie 2030） |

## 2.2　人本智造的发展背景

制造是人运用工具将原材料转化为能够满足人们生产生活需要的产品和服务的过程。智能制造是提高这种转化效率和质量的手段，但智能制造不能追求为智能而智能，而要回归到服务和满足人们的美好生活需求上来。因此，在整个制造生产活动中，人始终是最具有能动性和最具有活力的因素。

（1）人是智能制造的最终服务目标。智能制造借助新的生产技术、生产方式的变革，实现更快、更灵活、更高效地为消费者提供各种优质产品和服务。随着新一代信息技术，特别是移动互联网、传感器、大数据、超级计算、工业互联网、物联网、AI、机器学习、协作机器人、虚拟现实（Vivtual Reality，VR）和增强现实（Augmented Reality，AR）等数字化、网络化、智能化技术的快速发展，为人本智造提供了重要的技术支撑。消费者的个性化需求不断提升，企业要想获得更多的市场份额，提高市场竞争力，就必须坚持以消费者为中心，通过运用先进技术和变革组织管理方式，不断满足消费者的个性化需求。因此，面对多样化的市场需求，考虑技术经济性和就业等方面的因素，推进智能制造必须坚持以人为本的理念。

（2）人在智能制造实施过程中扮演关键角色。工业机器人是智能制造的重要组成部分，传统工业机器人存在一些不足，目前尚未充分满足新的市场需求。例如，传统工业机器人部署成本较高，单独的传统工业机器人无法直接用于工厂的生产线，仍需诸多外围设备的支持；虽然传统工业机器人本身具有较高的柔性和灵活性，但整个生产线的柔性一般较差。另外，中小企业限于资金情况，难以对生产线进行大规模改造，且对产品的投资回报率更为敏感，而这就要求机器人需具有较低的综合成本、快速的部署能力、简单上手的使用方法，但传统工业机器人目前很难在成本可控的情况下给出满意的解决方案。如果由人类负责完成对柔性、触觉、灵活性要求比较高的工作，机器人则利用其快速精准的优势来负责重复性和程序化的工作，那么人机协作将会为中小企业提供一个较好的解决方案。此外，通过机器人技术增强劳动力水平，一方面可以帮助企业达到降低成本和提高竞争力的目的，另一方面可以为社会创造更多的工作机会。

（3）人在未来智能制造发展中将继续发挥更重要的作用。智能制造的实际需求在不同行业或不同企业之间具有较大差异，并不是所有行业、所有企业都需要完全自动化或完全无人化，因而推进智能制造需要考虑技术经济性等问题。制造的未来并不是追求纯粹的无人化，而是要以人为核心，使人在先进技术的支持下从事更有价值、更有乐趣的工作，同时，为企业带来更好的经济效益。

## 2.3　人本智造的内涵与技术体系

人本智造是将以人为本的理念贯穿于智能制造系统的全生命周期过程（包括设计、制造、管理、销售、服务等），充分考虑人（包括设计者、生产者、管理者、用户等）的各种因素（生理、认知、组织、文化、社会因素等），运用先进的数字化、网络化、智能化技术，充分发挥人与机器的各自优势来协作完成各种工作任务，以最大限度实现提高生产效率和质量、确保人员身心安全、满足用户需求、促进社会可持续发展的目的。

人本智造体现的是一种重要发展理念，同时也代表了智能制造未来发展的重要方向。人本智造并不特指某个单一的制造模式或者范式，在其发展进程中还会出现大量的制造新模式、新业态，如共享制造、社会化制造、可持续制造等。目前对人本智造的研究还处于起步阶段，其定义、内涵和特征仍将不断扩展。

## 2.3.1 智能制造中人的因素

从智能制造全生命周期[6]的角度来看，智能制造中的人的因素包括人的作用、人机关系、人体工效学、认知工效学、组织工效学（见图2-1），具体阐述如下。

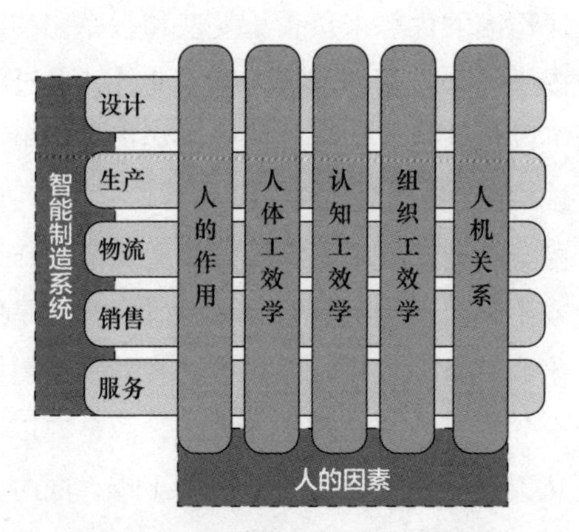


图 2-1　智能制造系统与人的因素

1. 人的作用

人的作用主要体现为人在智能制造系统中的不同角色、作用、工作类型等。从智能的角度看，人的作用集中体现在知识创造和流程创造方面，正是基于人的经验、才智、知识等的持续沉淀和不断实践，制造的智能水平才得以不断优化和提升。

国内外学者对智能制造中人的关键地位、决定性作用和人的因素的重要性进行分析，认为只有将先进技术、人和组织集成协同起来才能真正发挥作用，进而产生效益[7,8]。周济等[1,2]提出了HCPS的概念，并指出在HCPS中，人具有主宰作用，物理系统和信息系统都是由人设计并创造出来的，分析计算与控制的模型、方法和准则等都由研发人员确定并固化到信息系统中，整个系统的目的是为人类服务，人既是设计者、操作者、监督者，也是智能制造系统服务的对象。美国通用电气公司在其工业互联网报告《工业互联网：突破思维和机器的界限》中指出，人是工业互联网中的重要因素之一[4]。Nunes等[9]认为，人在信息-物理系统中的作用包括数据获取、状态推断、驱动、控制、监测等。Madni等[10,11]认为，HCPS中人的作用包括人不在控制回路的监测、人不在控制回路的指导、人在回路（Human-in-the-Loop，HitL）的控制。Jin等[12]将HCPS中人的角色总结为操作者、代理人、用户和传感终端等。

2. 人机关系

人机关系指人类在生产生活过程中，不断地改造自然、社会和人类本身，并与劳动对象和生产工具发生联系，具体包括人机交互、人机合作等。在智能制造系统人的因素的研究中，通常会涉及对人机关系的研究。目前，国际上在人机关系方面的代表性研究包括人与机器人的关系研究、新一代操作工、人与CPS的关系研究，以及以人为中心的智能制造系统研究等。例如，Romero等[13]在HCPS语义下提出了Operator 4.0的概念并展望了其发展前景，认为Operator 4.0的理念有助于实现人机共生和可持续制造[14]。

综合相关研究可见，国内外学者均高度重视智能制造系统中人的不可替代作用，同时也表明智能制造系统中人的作用和人机关系等研究具有重要意义。随着制造系统智能化的推广应用，人在整个系统中的角色将逐渐从“操作者”转向“监管者”，成为影响制造系统能动性的最大因素。在劳动力有限、人力成本增高的情况下，有必要优化人员配置，改进人工操控与机器运作之间的匹配，进而实现高效协作。

3. 人因工程/人类工效学

人因工程/人类工效学是综合运用生理学、心理学、计算机科学、系统科学等学科的研究方法和手段，致力于研究人、机器和工作环境之间的相互关系和影响规律，以实现提高系统性能、确保人的安全、健康和舒适等目标的学科[15]，包括人体工效学、认知工效学和组织工效学等。

人因工程/人类工效学主要包括三方面研究内容。第一，传统的人体工效学研究包括工作姿势、重复动作、工作地点布局、工作疾病、员工安全等。在智能制造系统中，人体工效学主要研究部分工作和动作自动化、人的安全、可穿戴设备等[16]。第二，认知工效学关注的是心理过程，研究内容包括脑力负荷、决策、工作压力、人的可靠性和技能表现等。在智能制造语义下，主要的研究进展包括虚实融合、信息技术减轻认知压力、技术储备等[17~19]。此外，感知、模拟仿真技术、AI、云技术、大数据、数字孪生等技术的主要目的都在于提高或模拟增强人的各种认知能力，因而也属于认知工效学的研究范畴。第三，组织工效学关注的是社会技术系统的优化，包括工作设计、人员资源管理、团队合作、虚拟组织和组织文化等内容。在智能制造系统中，相关研究进展包括组织结构扁平化、更新工作设计方式、产用融合等。

## 2.3.2 人本智造的技术体系

基于HCPS理论，作者提出了人本智造的三层参考架构，如图2-2（a）所示，该架构包含单元级智能制造、系统级智能制造，以及系统之系统级智能制造。其中，单元级智能制造的技术体系如图2-2（b）所示，主要包括机器智能技术、制造领域技术和人机协同技术三方面。在单元级智能制造的基础上，通过工业网络集成、物联网、智能调度、工业互联网及云平台等技术，构建系统级和系统之系统级智能制造（如智能车间、智能产线、智能工厂等），从而实现制造资源与人力资源在更大范围的优化配置。

在人本智造系统中，信息系统的主要作用是与人一起对物理系统进行必要的感知、学习认知、分析决策与控制，从而使物理系统（机器、加工过程等）尽可能以最优的方式运行，包括认知层面、决策层面和控制层面的人机协同等，同时还需考虑人体工效学、认知工效学、组织工效学等内容。具体来讲，人本智造的相关技术主要包括以人为本的设计、控制、AI、计算、自动化、服务、管理等。以人为本的设计也称参与式设计，在设计中注重人的思维、情感和行为，是一种创新性的解决问题的方法，从一开始就关注最终用户的需求，并将其作为数字设计过程的中心；以人为本的AI则强调AI的发展应该以AI对人类社会的影响为指导，AI应该用来增强人类技能而非取代人类。

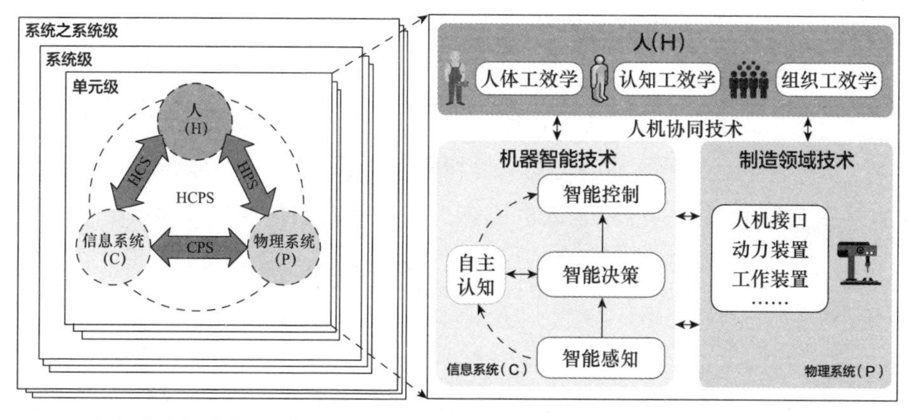


（a）人本智造的三层架构　（b）单元级智能制造的技术体系

图 2-2　人本智造的技术体系

## 2.4　人本智造的应用实践

人本智造是一个大系统，可以从产品、生产、模式、基础四个维度来认识和理解（见图2-3），其中，以人为本的智能产品是主体，以人为本的智能生产是主线，以人为本的产业模式变革是主题，以HCPS和人因工程为基础。

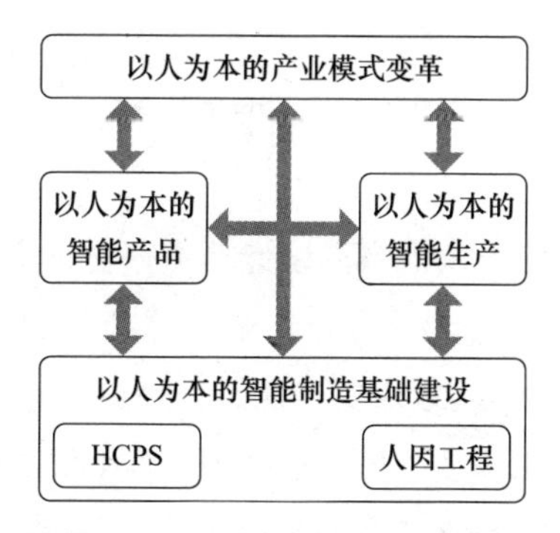


图 2-3　人本智造的四个维度

图2-3中展示了人本智造的四个维度，其中，前面论述了人因工程，周济等[2,3,5]对HCPS进行了详细分析。因此，本节将聚焦应用层面，对以人为本的智能产品、以人为本的智能生产和以人为本的产业模式变革展开讨论。

### 2.4.1 以人为本的智能产品

产品和工业装备是智能制造的主体。其中，产品是智能制造的价值载体，工业装备是实施智能制造的前提和基础。以人为本的智能产品在设计之初就应充分考虑人的需求和人的因素，尤其是直接面向广大消费者的智能产品。当然，在智能工业装备的设计之初也需要充分考虑人工干预的可能情况，在设计上留有权限和空间。

**例1：某品牌手机**[1]。该品牌手机的“互联网开发”模式引领了“创客”设计模式的新潮流，成为目前按销售额计算成长最快的公司之一，2018年的销售额已超过1700亿元。该公司采用“互联网开发”模式，研发人员通过微博、微信、论坛等渠道汇集用户需求并对产品进行改进，其中手机系统80%的更新需求是根据网友建议产生的，而33%的系统更新是由用户直接研发的。

### 2.4.2 以人为本的智能生产

制造业数字化、网络化、智能化是生产技术创新的共性使能技术，推动制造业逐步向智能化集成制造系统方向发展。在此过程中，需要坚持以人为本，全面提升产品设计、制造和管理水平，构建智能企业。以人为本的智能生产的应用实践包括人机合作设计、人机协作装配、以人为本的生产管理等。

**例2：基于深度学习的人机合作设计**。卡内基梅隆大学的Raina等[20]采用深度学习提取人类设计策略和隐性规则来训练机器以更好地协助人类进行设计活动。人类有很强的策略/方法迁移能力，可以依靠已有的经验解决相似问题，但机器在这方面逊色很多。Raina等[21]尝试对人类的这种迁移过程进行建模，提出一种概率模型，其研究结果表明该模型可以有效地将人类的经验迁移策略转移到机器上，从而更高效地帮助人类进行设计。

实际上，智能优化设计、智能协同设计、基于群体智能的“众创”设计等都是以人为本智能设计的重要内容，而基于HCPS开发智能设计系统也是发展人本智造的重要内容之一。

**例3：人机协作装配**[22]。针对部分行业或工艺过程不能完全部署机器人的实际情况，瑞典皇家理工学院Lihui Wang教授团队在欧盟科研框架计划“地平线2020”的资助下，开展了人机共生协作装配（SYMBIO-TIC）项目研究。该项目聚焦人机协作装配，主要研究传感与通信、主动防碰撞、动态任务规划、适应性机器人控制、移动式工人辅助等，确保工人安全达到人机高效协作。目前该项目已与多家汽车公司和机器人公司开展应用合作。

**例4：精益模式**。作为技术管理、精益制造、精益产品研发认证等课程的共同创办人，密歇根大学的Jeffrey Liker教授提出精益模式的主要内涵为持续改进与尊重人。其中，尊重人的实质就是以人为本，即重视公司文化、全员参与、标准化，发展信奉公司理念的杰出人才与团队，不断反思与持续改善、建设学习型组织等。从精益模式中可以看出，以人为本的管理是企业重要的发展战略，人是企业内部发展的生命力与创造力，是企业最宝贵的资源。

### 2.4.3 以人为本的产业模式变革

以人为本的产业模式变革是人本智造的主题。数字化、网络化、智能化等先进技术的应用，将推动制造业从以产品为中心向以用户为中心发生转变，产业模式从大规模流水线生产向规模定制化生产转变，产业形态从生产型制造向服务型制造转变。

**例5：某家电企业工业互联网平台**[3]。与传统制造和其他电商平台不同，该平台坚持以人为本、人单合一的理念，平台用户从交互、设计、采购、制造到服务，全流程参与体验，且产品在用户使用过程中通过“网器”（该公司相对于传统“电器”提出的一个新概念）进行持续的交互和迭代，最大程度满足用户的个性化需求；企业通过交互了解用户需求，把一个封闭的企业变成一个生态系统，让用户、企业、资源能够全流程的创造价值，用户主动成为产品成长的重要组成部分，企业也实现了自身效益的增加和发展模式的推广。例如，该平台与某地合作建立建陶产业基地，将原本“单打独斗”的130余家企业，通过平台集约化为20余家，在转型升级后，使制造成本降低10%，产能提升20%。总之，以人为本的产业模式变革实现了用户和企业的双赢。

## 2.5 思考与建议

### 2.5.1 政策层面

近年来，欧美日等国家和地区都十分重视人本智造的研究，如美国国家科学基金会（NSF）专门设立“人机前沿未来工作”（Future of Work at the Human-Technology Frontier，FW-HTF）系列研究项目进行前瞻布局，这为中国发展人本智造带来了挑战和启示。及时对接国家相关战略，加强顶层设计。在智能制造试点示范、应用推广、宣传贯彻、教育培训中，系统考虑人的因素，将以人为本的理念融入智能制造标准体系建设和成熟度评价等工作中，更加重视人机协同标准化、人机任务分工和智能制造人员成熟度评价等工作。以此推动HCPS和人因工程等概念在智能制造实践中落地生根，推动人本智造在中国的发展。

### 2.5.2 企业层面

从企业层面来看，智能制造企业需着重考虑并解决两个问题。一是如何用先进适用的技术延长员工的职业生涯，让那些体力逐渐下降而智力与经验仍处在高峰的员工，在技术的支持下，继续贡献价值。二是如何用技术营造一种环境氛围，让年轻一代愿意从事制造业工作，并体会到智能制造工作和价值创造的乐趣。因此，建议制造企业将以人为本作为发展智能制造的重要理念，重视员工的培训、教育与管理，并将此视为企业的战略性投资。同时企业可进一步使用协作机器人来满足自己的需求，而不是全部采用传统机器人来“机器换人”。通过不断的尝试、磨合与调整，找到最适合企业自身的人机搭配工作方式以不断地提高效率和利润。

### 2.5.3 研究层面

从研究层面看，HCPS与人本智造、面向智能制造的人因工程、协作机器人等方面需进一步加强研究。高度重视HCPS科学与技术体系的构建与完善，并在智能制造领域推广应用HCPS，也就是大力发展人本智造。人本智造的理论与应用研究包括以人为本的设计、产品、自动化、AI、生产、工厂、服务等。同时，需重视智能制造系统中的人体工效学、认知工效学、组织工效学等人因工程的研究。而这是涵盖工业哲学、工业文化、就业、伦理等方面的问题，即实现自然科学与社会科学的良性互动。此外，协作机器人、共融机器人的研发是重要方向，人与信息-物理系统的交互、人的数字孪生、人在回路的控制等方面也需加强研究。

## 2.6　小结

人是生产制造活动中最具能动性和最具活力的因素，智能制造最终需回归到服务和满足人们美好生活需求上来。人本智造是智能制造发展的重要理念，同时也是新一代智能制造的重要技术方向。本章基于HCPS发展理论，提出了人本智造的基本理念，并从发展背景、基本内涵与技术体系、应用实践等方面对人本智造进行了分析探讨。从政策、企业、研究三个层面提出了若干建议，如及时对接国家相关战略、企业将以人为本作为发展智能制造的重要理念、重视智能制造系统中人因工程的研究等，以促进人本智造在中国的发展和应用实践。

## 参考文献

[1] 周济. 智能制造——“中国制造2025”的主攻方向[J]. 中国机械工程，2015, 26(17): 2273-2284.

[2] ZHOU J, LI P G, ZHOU Y H, et al. Toward new-generation intelligent manufacturing[J]. Engineering, 2018, 4(1): 11-20.

[3] ZHOU J, ZHOU Y H, WANG B C, et al. Human–cyber–physical systems (HCPSs) in the context of new-generation intelligent manufacturing[J]. Engineering, 2019, 5(4): 624-636.

[4] EVANS P C, ANNUNZIATA M. Industrial internet: Pushing the boundaries of

minds and machines[R]. Boston: General Electric, 2012.

[5] 王柏村，臧冀原，屈贤明，等. 基于人-信息-物理系统（HCPS）的新一代智能制造研究[J]. 中国工程科学，2018, 20(4): 29-34.

[6] 李清，唐骞璘，陈耀棠，等. 智能制造体系架构、参考模型与标准化框架研究[J]. 计算机集成制造系统，2018, 24(3): 539-549.

[7] 张伯鹏，汪劲松. 制造系统中知识信息与人的作用[J]. 机械工程学报，1994, 30(5): 61-65.

[8] 陈国权. 先进制造技术系统研究开发和应用的关键——人的因素[J]. 中国机械工程，1996, 7(1): 12-14.

[9] NUNES D, SÁ SILVA J, BOAVIDA F. A practical introduction to human-in-the-loop cyber-physical systems[M]. Hoboken, New Jersey: John Wiley & Sons, Ltd., 2018.

[10] MADNI A M, SIEVERS M, MADNI C C. Adaptive cyber-physical-human systems: Exploiting cognitive modeling and machine learning in the control loop[J]. Insight, 2018, 21(3): 87-93.

[11] MADNI A M. Exploiting augmented intelligence in systems engineering and engineered systems[J]. Insight, 2020, 23(1): 31-36.

[12] JIN M. Data-efficient analytics for optimal human-cyber-physical systems[D]. Berkeley: University of California, Berkeley, 2017.

[13] ROMERO D, BERNUS P, NORAN O, et al. The operator 4.0: Human cyber-physical systems & adaptive automation towards human-automation symbiosis work systems[C]//IFIP international conference on advances in production management systems. Cham, Switzerland: Springer, 2016: 677-686.

[14] RUPPERT T, JASKÓ S, HOLCZINGER T, et al. Enabling technologies for operator 4.0: A survey[J]. Applied sciences, 2018, 8(9): 1650.

[15] 孙林岩. 人因工程[M]. 北京：科学出版社，2011.

[16] DANNAPFEL M, BURGGRÄF P, BERTRAM S, et al. Systematic planning approach for heavy-duty human-robot cooperation in automotive flow assembly[J]. International Journal of Electrical and Electronic Engineering and Telecommunications, 2018, 7: 51-57.

[17] MA M, LIN W, PAN D, et al. Data and decision intelligence for human-in-

the-loop cyber-physical systems: Reference model, recent progresses and challenges[J]. Journal of Signal Processing Systems, 2017, 90(8): 1167-1178.

[18] FANTINI P, PINZONE M, TAISCH M. Placing the operator at the centre of Industry 4.0 design: Modelling and assessing human activities within cyber-physical systems[J]. Computers & Industrial Engineering, 2020, 139: 105058.

[19] PACAUX-LEMOINE M P, TRENTESAUX D, ZAMBRANO REY G, et al. Designing intelligent manufacturing systems through human-machine cooperation principles: A human-centered approach[J]. Computers & Industrial Engineering, 2017, 111: 581-595.

[20] RAINA A, MCCOMB C, CAGAN J. Learning to design from humans: Imitating human designers through deep learning[J]. Journal of Mechanical Design, 2019, 141(11): 111102.

[21] RAINA A, CAGAN J, MCCOMB C. Transferring design strategies from human to computer and across design problems[J]. Journal of Mechanical Design, 2019, 141(11): 114501.

[22] WANG L, GAO R, VÁNCZA J, et al. Symbiotic human-robot collaborative assembly[J]. CIRP Annals-Manufacturing Technology, 2019, 68(2): 701-726.

# 第3章 面向智能制造的人因工程①

## 3.1 引言

智能制造系统自二十世纪八九十年代提出至今，经过不断的探索和发展，先后出现了多种制造范式、模式和概念，包括敏捷制造、云制造、信息物理生产系统（Cyber-Physical Production Systems，CPPS）、社会化制造、工业4.0等[1, 2]。总体来看，智能制造历经了数字化、网络化发展阶段，目前正在向新一代智能制造加速发展[3, 4]。在智能制造系统的长期发展进程中，学术界、工业界对系统中人的作用、人的因素和人机关系等问题的探讨和研究从未止步。例如，二十世纪九十年代，路甬祥等[5-7]提出人机一体化的理念，认为智能制造系统不单单是人工智能系统，而是人机一体化智能系统，是一种混合智能。想以人工智能全面取代制造过程中人类专家的智能，独立承担分析、判断、决策等任务，是不现实的。另一方面，日本等国家提出无人工厂的概念[8]，试图通过“机器换人”实现少人化甚至无人化，并达到提高生产效率和企业利润的目的。因此，对于智能制造系统中人的作用和人机关系等问题并没有一个确切答案。近年来，随着人们对人的因素认识的逐渐深入，以及大数据、物联网、人工智能等新一代信息技术的飞速发展，学术界、工业界更加关注智能制造系统中人的因素相关研究。周济等[3, 9, 10]提出人-信息-物理系统，认为智能制造系统中物理系统是主体，信息系统是主导，人是主宰，揭示了智能制造的技术机理及智能制造的技术体系。赵敏等[11]在“三体智能革命”的理念中将物理世界、生命世界与数字世界的智能现象打通研

① 本章作者为王柏村、黄思翰、易兵、鲍劲松，发表于《机械工程学报》2020年第16期，收录本书时有所修改。

究，并提出三体智能模型、数字虚体、认知引擎等概念，揭示了“三体化一”走向智能的趋势。Nunes等[12]认为目前在大多数信息-物理系统的研究中均忽略了人的作用，并提出人在回路的CPS，分析了这一全新研究领域的概况、特征、分类和挑战。与此同时，在相关研究和应用过程中也产生不少问题和疑惑，可归纳为以下四个方面。

（1）为什么要研究智能制造系统中人的因素相关问题？（Why？）

（2）智能制造系统中人的因素相关研究具体包括什么？（What？）

（3）智能制造系统中人的因素相关研究发展态势怎么样？（How？）

（4）智能制造系统中人的因素相关研究面临哪些挑战？未来该如何发展？（Where？）

为此，本章试图从文献综述的视角分四个部分回答以上问题，首先介绍智能制造系统中人的作用；其次探讨智能制造人因工程的基本研究内容；再次系统分析国内外研究进展；最后讨论当前挑战与未来发展。

## 3.2 智能制造系统中人的作用

周济等[9, 10]提出了面向新一代智能制造的人-信息-物理系统（HCPS）的概念，并认为HCPS能够揭示新一代智能制造的技术机理，有效指导新一代智能制造的理论研究和工程实践。在HCPS理念中，对人的作用表述为人在系统中起着主宰作用。物理系统和信息系统都是由人设计并制造出来的，有关分析计算与控制的模型、方法和准则等都是由研发人员来确定并固化到信息系统中。随着制造系统自动化、数字化、智能化在各领域的推广应用，人在整个系统的地位逐渐从“操作者”转向“监管者”，成为影响制造系统能动性的最大因素。在劳动力有限、人力成本增高的情况下，尤其需要优化人员配置、改进人工操控与机器运作之间的匹配。汪劲松等[13-15]在研究中均突出了人的第一生产力要素的关键地位和决定性作用。陈国权[16]论述了人的因素在先进制造技术中的重要性，包括人机协同因素和人人协同因素，并认为只有将技术、人和组织集成协同起来才能真正发挥作用，进而产生效益。俞惠敏[17]从管理人员、技术人员、生产人员对企业竞争力提升的角度分析了人在现代制造中的作用。美国通用电气公司在其工业互联网报告中指出，智能机器、高级分析和工作人员是三个关键要素，表明人是工业互联网中的重要因素之一[18]。Romero等[19, 20]在HCPS语义下提出了新一代操作工的概念并展望其前景，认为新一代操作工的理念有助于实现社会化可持续制造和人机共生。Nunes等[12]梳理了人在CPS中的作用，包括数据获取、状态推断、驱动等，如图3-1所示。Madni[21,22]基于HCPS对人的作用进行了研究，包括人不在控制回路的监测、人不在控制回路的指导、人在回路的控制、备用CPS等。Jin等[23]将HCPS系统运行中人的角色总结为操作者、代理人、用户和传感终端等。Pérez等[24]认为，与汽车行业不同，航空航天、造船和建筑等行业由于任务和过程过于复杂，目前还未能实现完全自动化和智能化，需要更多地依赖人机合作和人的主观能动性。相关研究表明国内外学者均高度重视智能制造系统中人的作用，同时也表明智能制造系统中人的因素和人机关系等研究具有重要意义（见表3-1）。

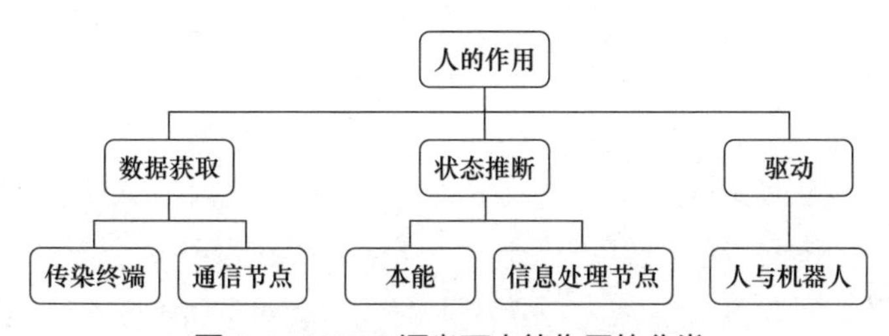


图 3-1　HCPS 语义下人的作用的分类

表 3-1　智能制造系统中人的作用的相关研究

| 相关内容 | 作　者 |
| --- | --- |
| 人在HCPS中起着主宰作用 | 周济等[9, 10] |
| 人的第一生产力要素的关键地位和决定性作用 | 汪劲松、谢贤平等[13-15] |
| 只有将技术、人和组织集成协同起来才能真正发挥作用 | 陈国权[16] |
| 管理人员、技术人员、生产人员怎样提升企业竞争力 | 俞惠敏[17] |
| 人是工业互联网中的重要因素之一 | 通用电气[18] |
| 新一代操作工 | Romero等[19, 20] |
| 人在CPS中的作用包括数据获取、状态推断、驱动等 | Nunes等[12] |
| HCPS中人的作用包括人不在控制回路的监测、人不在控制回路的指导、人在回路的控制等 | Madni[21, 22] |
| HCPS系统中人的角色包括操作者、代理人、用户和传感终端等 | Jin等[23] |
| 不少行业需要更多地依赖人机合作和人的主观能动性 | Pérez等[24] |

## 3.3 面向智能制造的人因工程

中国工程院“新一代人工智能引领下的智能制造研究”课题组的研究报告指出[25]，智能制造系统是一个大概念，一个不断演进的大系统，是新一代信息技术与先进制造技术的深度融合，贯穿于产品、制造、服务全生命周期的各个环节及相应系统的优化集成，不断提升企业的产品质量、效益、服务水平，推动制造业创新、绿色、协调、开放、共享发展。李清等[26]指出，智能制造系统架构可以从生命周期、系统层级和智能特征三个维度对智能制造所涉及的活动、装备、特征等内容进行描述。其中，设计指根据企业的所有约束条件以及所选择的技术对需求进行构造、仿真、验证、优化等研发活动过程；生产指通过劳动创造所需要的物质资料的过程；物流指物品从供应地向接收地的实体流动过程；销售指产品或商品等从企业转移到客户的经营活动；服务指提供者与客户接触过程中所产生的一系列活动的过程及其结果，包括回收等。

人的因素包括很多方面（见表3-2），从广义角度来看，人的因素至少包括人的作用、人因工程/人类工效学、人机关系等内容。其中，人的作用主要研究人在系统中的不同角色、作用及工作类型等。人类在生产生活过程中，不断地改造着自然、社会和人类本身，不可避免地与劳动对象和生产工具发生联系，这种联系称为人机关系，相关内容包括人机交互、人机合作等。目前人因工程/人类工效学致力于研究人、机器及其工作环境之间的相互关系和影响规律，最终实现提高系统性能且确保人的安全、健康和舒适的目标[27]。

表3-2 人的因素相关命名表

| 英 文 | 中文译名 | 使用范围或领域 |
|---|---|---|
| Ergonomics | 人类工效学、工效学 | 主要是欧洲 |
| Human factors | 人体学 | 主要在美国 |
| Human factors engineering | 人因工程学 | 主要在美国 |
| Engineering psychology | 工程心理学 | 主要在心理学领域 |
| Human-machine relationship | 人机关系 | 主要在机械制造领域 |

在对智能制造系统和人的因素的有关内容进行分析的基础上，笔者将面向智能制造的人因工程进行初步定义，基于对人、机器、技术和环境的深入

研究，发现并利用人的行为方式、工作能力、作业限制等特点，通过对智能制造系统中相关工具和机器、任务和环境、人员安排等进行合理设计，以提高智能制造系统的效率、安全性、舒适性和有效性。人的作用、人的因素、人机关系等研究内容分布在智能制造系统不同生命周期中，或者说智能制造系统的不同环节均需要考虑人因工程的不同方面。例如，在智能产品的设计中如何融合用户的个人偏好？在智能生产过程中，是否需要设计人员临时介入权限？在智能服务中，怎样促进消费者和生产厂家的无缝对接？在工业互联网中人的作用如何？这些问题均属于智能制造系统人因工程的研究范畴。同时，面向智能制造的人因工程各个子领域并不是相互排斥的，其作用范围处于不断发展的状态，原有的领域可能会有新的解读，也可能出现新的应用。

## 3.4 研究进展

本节将从智能制造系统人体工效学、智能制造系统认知工效学、智能制造系统组织工效学、人机关系等方面综述面向智能制造的人因工程相关研究进展。

### 3.4.1 智能制造系统人体工效学

传统的人体工效学包括与身体活动有关的人体解剖学、人体测量学、生理学和生物力学特征等，人体工效学研究内容包括工作姿势、物料处理、重复动作、与工作有关的肌肉骨骼疾病、工作地点布局、安全及健康等。在智能制造系统中，人体工效学的主要研究内容包括人的参与、人的安全、信息技术驱动等。

#### 3.4.1.1 人的参与

机器是人类智慧的产物，作为一种工具，是对人类能力（包括体力和脑力）的替代和补充。在自动化时代，机器大量替代人类执行一些简单、重复、体力型的工作[28]，大大提高了生产效率和生产质量。随着智能制造时代的到来，在先进信息技术的支撑下，信息空间和物理空间的实时交互成为可能，机器将更深层次地替代人类的工作[29]，生产活动的自动化程度将再次飞跃[30, 31]。但是，机器始终无法完全替代人类，尤其在面临复杂情况时，还是需要人类的参与[19, 32-34]。Stern和Becker[35]讨论了CPS的引入对人机任务分配的影响，并提出了一个集成系统设计模型，在系统设计早期就将人类因素纳入其中，使人机分工更加合理。Hummel等[36]指出，随着产品生产周期的缩短和市场需求的波动，制造系统需要具备快速的调整能力，这就要求制造系统设计时要更加注重人机之间的交互，包括功能性交互和社交性交互。类似地，Richert等[33]提出了混合人机团队的概念，对赋予机器社交属性进行了探讨。Dannapfel等[30]对重体力工作的人机分工规划问题进行了探讨，统筹考虑人机任务分配，寻求使用更多的机器来替代人类劳动，以提升生产效率。Fantini等[32]对如何更好地将人的因素融入生产过程进行研究，以提升制造系统的柔性和尽可能地释放人类的潜能。这些研究均表明，自动化和智能化并不会完全代替人，人的参与依然重要。因此，部分研究聚焦系统设计和任务分工来不断释放人的潜能。

#### 3.4.1.2 人的安全

随着智能制造的发展，人类与机器的协作越来越密切，并且正在向人机共融方向发展，随之而来就是安全问题。从安全的角度考虑，人机协作的最高境界应该是可以并排工作，而不需要通过围栏等物理隔绝的方式来保证安全[37]。Horváth和Erdős[38]提出采用数字孪生体等仿真手段对人机协作的安全性进行评估，以确保人机系统在不同的场景下的安全。但是即便是近乎完备的评估，也无法保证绝对的安全，除非采用非接触式控制机器的方式才能保证百分之百安全。另外，在作业过程中，通常需要两手协同工作，此时如果需要手持一些辅助设备，就会降低作业效率甚至产生安全问题。例如，Scheuermann等[39]从定性和定量两个角度对操作起重机并进行扫描这一工作过程进行研究，对比了手持扫描仪和非手持扫描仪这两种方式，结果表明非手持扫描仪的人机交互可以有效地缓解肢体疲劳，提高操作稳定性，从而提升安全性。总之，在制造系统中，只要有人的参与，人的安全依然是最重要的。

#### 3.4.1.3 信息技术驱动

随着信息技术的发展，出现了诸如智能手机、智能手表、智能手环等人机交互媒介，大大地提升了人类与机器的交互效率和质量。例如，Romero

等[19]指出利用可穿戴设备将制造系统中人的基本信息（健康状况、位置、活动水平等）传递给机器或者CPS，可以极大地改善人因工程。一方面，人类通过穿戴便携式设备提高自身的专注力，避免无效的动作，提高人机交互的效率[40]。另一方面，可穿戴设备收集的数据可以用来调整和改造生产活动，以协调人机的状态[36]。Seneviratne等[41]对可穿戴设备的相关研究进行综述，对现有可穿戴设备进行全面的调查和分类，研究了可穿戴设备的通信安全问题，并对提升可穿戴设备能效进行分析。Meattini等[42]对远程控制机械手臂执行抓取动作进行研究，尝试利用肌电图包含的信息来远程操作机器人完成抓取任务。Yim等[43]提出远程微操作系统，用户可以在不颤抖的情况下精确地操纵微型物体，并提出折叠机器在可穿戴机器人和微型机器人中的新应用。这些研究表明，随着信息技术的发展，可穿戴设备、远程控制等将越来越受到重视。

## 3.4.2　智能制造系统认知工效学

如果说人体工效学关注的是物理过程，那么认知工效学关注的则是心理过程，如感知、记忆、推理和运动反应等，这些均影响人与系统其他元素之间的相互作用。认知工效学具体研究内容包括脑力负荷、决策、技能表现、人机交互、人的可靠性、工作压力，以及与人机系统设计相关的培训等。智能制造系统认知工效学的研究内容包括虚实融合改变人机角色、信息技术减轻认知压力、技术储备和培训三方面内容。

### 3.4.2.1　虚实融合改变人机角色

随着工业自动化技术的快速发展，人类在制造过程中参与的工作越来越少。表面上看，机器正在加速替代人类的劳动，甚至出现了无人工厂的概念。事实上，无论自动化技术发展到何种水平，都无法完全代替人类在制造过程中发挥的重要作用[44]。随着CPS等虚实融合技术的发展，人类在这一过程中所扮演的角色看似越来越少，实则越来越重要，最直观的体现就是人机协作越来越倾向于人类专职于决策[45]、支持系统正常运转（监控、预警、干预等）等复杂工作[32]。Becker和Stern[46]讨论了人的因素如何影响信息物理生产系统的设计工作，并对未来的发展趋势进行评估，以促进人的因素与CPPS

设计工作的结合。基于此，也引发了关于人在回路的讨论。HitL指制造系统中人类的活动，包括监控和调整机器、直接控制系统、第一时间检测并汇报异常情况等[32]。Ma等[47]指出HitL集成了包含人类智慧的数据和模型，可以提升机器的智能化水平。Raina等[48]采用深度学习提取人类设计策略和隐性规则训练机器，以更好地协助人类进行设计活动。事实上，人类有很强的策略/方法迁移能力，用已有的经验来解决类似的问题，但是机器在这方面就逊色很多。Raina等[49]尝试对人类的这种迁移过程进行建模，提出了一种概率模型，结果表明该概率模型可以有效地将人类的迁移策略转移到机器上。另外，人在网格（Human-in-the-Mesh, HitM）则是人机角色定位的另一个方向。目前学术界对于HitM的定义尚不明确，尚待进一步研究。随着人机角色定位的发展，人类需要掌握的技能也逐渐向解决问题的能力和IT技术发展[29, 32, 44]。可以想象，在智能制造时代，从业人员如果没有掌握IT技术，就无法在虚实融合的制造环境中综合各方面信息迅速给出问题解决方案。随着自动化和智能化技术的发展，大量的低技术含量工作可以很容易被高新技术替代。基于此，Dworschak和Zaiser[50]还专门讨论了智能制造时代从业人员需要具备的能力。另外，现有的智能制造系统并没有完全发挥其潜力，有待在未来的工作中进一步挖掘，而这些工作的实现都需要有强大的IT技术来辅助决策。随着CPS、HitL、HitM、深度学习等技术的发展和应用，虚实融合将逐渐改变人机角色，帮助智能制造系统进一步发挥其潜在价值。

#### 3.4.2.2 信息技术减轻认知压力

虚拟现实技术和增强现实技术的快速发展，出现了诸如头部传动装置、智能眼镜、AR空间投射机等一大批相关设备，为人类了解制造过程提供了更加便捷的方式。Theis等[51]指出AR技术可以有效排除不必要信息，减轻人类在处理复杂和高强度工作时的认知压力，甚至能够做到精确提供所需的信息。Pinzone等[52]则强调VR/AR技术在信息处理上的灵活性，可以单独呈现制造资源的组分信息，从而减轻认知压力。尹旭悦等[53]利用计算机视觉识别和三维环境感知技术，开发航天产品装配作业一体化训练系统，为装配操作者提供智能辅助支持，有利于提高航天产品生产效率。张秋月和安鲁陵[54]综合运用AR和VR的混合现实技术（Mixed Reality，MR）构建飞机的虚拟装配系统，实现对装配所需的大量信息进行集中统一的管理，拓展了工作人员信息获取的渠道和范围，加强了工作人员对重要信息的感知能力，同时降低了对工作人员视觉空间能力的要求。唐健钧[55]指出在飞机装配作业过程中，AR 智能引导技术能够识别现场场景，智能地给出作业过程中的操作引导信息，并与其他信息系统进行集成，以辅助飞机装配操作者高效、优质地完成现场装配作业任务。另外，VR/AR 技术还可以结合知识工程、云技术和工业互联网技术，实时提供作业指导、维修建议等。当然，任何技术都要适度，过度使用信息技术可能会造成信息过载，反而加重认知压力[56]。

#### 3.4.2.3　技术储备和培训

智能制造时代，技术更新换代加快，制造企业需要做好技术储备，以保持企业竞争力。技术储备，侧重对员工的能力和技能培训[57]。一方面，培训员工需要企业投入大量的资金；另一方面，市场机会稍纵即逝，如果企业能够预测所需的技术，并提前做好技术储备，则将极大地提升企业的竞争力。当然，技术预测绝非易事，企业需要从战略层面进行综合决策[50]，还需要对技术发展趋势有深刻的理解并对潜在的应用进行深度评估。Dworschak 和 Zaiser[50]建议企业重点储备未来 3~5 年所需的技术，这样既不会太仓促，也能尽可能地保证预测准确性。另外，年龄结构也是企业在进行技术储备时需要考虑的一个重要因素。很多国家都在探讨甚至执行延迟退休的政策，这样会导致企业存在大量的年长员工[58]，甚至有返聘员工[29]。考虑到老员工接受新技术的能力，对这类员工的培训工作要格外注意。总之，人才培训、储备与教育是智能制造转型是否成功的关键[59]。

### 3.4.3　智能制造系统组织工效学

不同于人体工效学和认知工效学，组织工效学关注的是社会技术系统的优化，研究内容包括沟通、人员资源管理、工作设计、工作时间设计、团队合作、参与式设计、新工作模式、虚拟组织、远程工作、质量管理、组织文化等。智能制造系统组织工效学研究内容包括组织结构扁平化、更新工作设计方式、产用融合等。

#### 3.4.3.1 组织结构扁平化

随着信息技术和智能技术的快速发展，CPS、VR/AR等技术的引入，机器越来越智能化，人类的工作也越来越有针对性，人机协作也越来越融洽。Mazali[45]和Stern & Becker[35]指出在移动设备、智能技术、专家知识和工人创造力的共同作用下，制造企业的许多传统组织方式会向扁平化方向发展。部门之间的界限越来越模糊，传统的组织、管理、计划和控制活动可以综合决策并实时发布到个体（人或者机器），从而很容易地实现跨部门作业。Mazali[45]指出决策活动也不再是管理者的特权，一线的工人不仅有机会参与，而且很方便参与。但是新型的组织结构也会带来新的问题和挑战。Fantini等[52]强调未来的研究需要去探索如何控制人类与CPS的交互，如何捕捉增值工作（决策、创造性工作、社交举动等），以及如何将工人的技能和个性纳入制造过程。汪应洛等[60]在先进制造生产模式与管理的研究过程中，以制造资源集成为基本原则，重点关注组织的创新和人的因素的作用，强调组织创新、高素质人员的培养和制造资源的快速有效集成是先进制造生产模式的核心任务，作者还讨论了网络组织结构、虚拟企业等对先进制造的推动作用。随着人工智能、机器学习、工业互联网、物联网、企业应用软件等的迅速发展，智能制造领域的商业组织结构将加快向扁平化、专业化、分散化、协同化发展。

#### 3.4.3.2 更新工作设计方式

人机交互的方式层出不穷，传统的作业设计方式逐渐变得低效，甚至不合时宜。在智能制造背景下，作业设计方式需要更新换代，将更多的因素纳入考虑范畴，包括使用率、用户界面和人机交互等。Kadir等[28]强调作业设计过程要明确人与机器的分工。Dannapfel等[30]开发了一个软件来协助作业设计，通过多次迭代，在明确人机分工的同时，达到合理分工的目的。从HitM的角度看，人机交互频繁且复杂，需要从组织层面来保证交互的效率。Fantini等[32]对HitM集成的复杂性、易变性和不可预测性进行了深入分析，强调了组织因素在人机交互中的保障作用。虽然改变传统作业设计方式势在必行，但是现在还没有很明确的方法和工具。在未来的研究中，研究人员需要将重点放在如何协助企业利用数字化、智能化技术实现新型的作业设计[31]。Dworschak和Zaise[50]认为数字化技术与工作组织的深度结合直接决定企业的未来技术储备。因此，随着新技术与工作组织方式的不断结合，未来企业需要储备的技术也会发生改变。另外，作业设计中的以人为中心理念大有裨益，现有的作业设计往往都忽略了这一点。事实上，人类是不完美的，可能会犯错，面临突发情况时可能会慌乱。以人为中心的作业设计从全局的角度去评估作业的复杂性以消解冲突，从而达到降低工人作业负荷、避免人为事故的目的[57]。Romero等[19]指出以人为中心的作业设计需要重点关注如何通过巧妙的设计提升人类的认知能力，而不是一味地强调无人自动化作业。

#### 3.4.3.3 产用融合

近年来，制造业企业在个性化定制、服务型制造、协同制造、互联网+制造、共享制造、社会化制造等不同方向进行了大量探索与实践，形成了一批成功的智能制造范例[61]。杨青峰[62]从技术、社会环境、制造价值观和制度等角度综合分析，认为在当前的制造价值观引领下，智能技术群必然会构造出产用融合这个全新的制造范式，其独特性在于把生产者和使用者放在一个系统中，实现双方的连接、打通、理解，以及价值环流，最终实现实时永续的按需个性化价值生产。目前，海尔公司在产消合一/人单合一等方面进行了较为成功的探索[63]，传统意义上的消费者正逐渐变成产消者——既是生产设计者又是消费者。

### 3.4.4 人机关系

在智能制造系统人的作用和人因工程的相关研究中，不可避免地需要涉及人机关系。目前，国际上在人机关系方面比较有代表性的研究包括人与机器人关系、人与CPS关系、新一代操作工，以及以人为中心的智能制造系统[22, 64]。

#### 3.4.4.1 人与机器人关系

人与机器人的基本关系是共存关系[65]，二者同在物理空间中但彼此的工作空间不重叠，人与机器人之间没有直接接触。在共存人机关系中，人类和机器人之间可以交换工作对象，但是它们的操作是相互独立且同时执行的。如果人和机器人共享工作空间且彼此互相通信，此时人机关系属于交互关系。在交互关系中，一方可指导或控制另一方，或者它们之间发生物理接触（无论是计划中的还是意料之外的），人和机器人都可以执行相同的任务，但是需要按顺序逐步完成任务。如果机器人具有自主能力，那么该机器人就可以与人进行协作，人机关系即为协作关系。为了互惠互利，机器人可能会暂时放弃原先预设的利益目标来分享它们的某些资源（物理、认知或计算资源）。双方的工作空间可以有部分重叠的地方，但是双方之间通常不直接进行物理接触。它们可以同时工作，但有时必须等待其他人或者机器完成现有操作。协作关系指人和机器人能够在共享工作空间中共同完成一组给定的工作任务，通常允许所有参与者之间有物理接触。在任何情况下，协作针对具有联合聚焦属性的活动，需要各方共享自己的不同能力和资源。

#### 3.4.4.2 人与CPS关系

Madni[22, 64]在人与信息-物理系统关系的研究中提出适应性HCPS，并将其分为人类直接控制CPS的系统、CPS被动监视人员并在需要时可采取适当措施的系统，以及以上两者结合的系统。适应性HCPS中的适应类型如表3-3所示。Schirner等[67]和Nunes等[68]认为目前多数CPS仍然将人定义为不可预测的元素，并只将人放在控制回路外部。但为了使系统更好地满足人类需求，未来CPS将需要与人类建立更紧密的联系，通过人在回路的控制，将人的意图、心理状态、情绪、动作等考虑进来。

表3-3 适应性HCPS中的适应类型[22, 64]

| 适应类型 | 触发标准 | 预期输出 |
|---|---|---|
| 任务由人重新分配给机器 | 人的认知载荷超过阈值；疲劳；人的错误率超过阈值 | 可管理的人的认知载荷 |
| 任务由机器重新分配给人 | CPS无法识别新情况；CPS请求；CPS出现故障 | 应对新情况的卓越能力 |
| 机器适应人 | 人的偏好和信息搜索策略 | 提高信息传递给人的速率，特别是在时间紧张情况下 |
| 人适应机器 | 机器请求控制转移；上下文改变请求控制转移 | 处理操作任务和事件的卓越能力 |

#### 3.4.4.3　新一代操作工

Ruppert 等[66] 从四代操作工的角度分析了人机关系的演变进程（见图 3-2）。第一代操作工（Operator 1.0）被定义为手工操作者；第二代操作工（Operator 2.0）指利用计算机辅助工具和企业信息系统协助工作的操作者（如机床操作工有数控系统的支持）；第三代操作工（Operator 3.0）主要指与机器人和电脑等工具合作的操作者。该研究团队详细解释了新一代操作工的各种形式和具体内涵（见表3-4），并认为这是未来的发展方向。

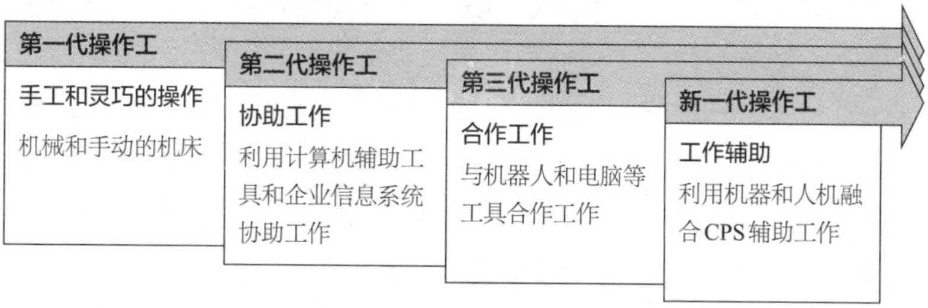

第一代操作工
手工和灵巧的操作
机械和手动的机床
第二代操作工
协助工作
利用计算机辅助工具和企业信息系统协助工作
第三代操作工
合作工作
与机器人和电脑等工具合作工作
新一代操作工
工作辅助
利用机器和人机融合 CPS 辅助工作

图 3-2　制造系统中的操作工进化过程

表 3-4　新一代操作工方法学的内涵

| 类　型 | 描　述 | 例　子 |
| --- | --- | --- |
| 分析型操作工 | 在智能制造中应用大数据 | 挖掘出有用的信息并用来预测相关的事件 |
| 认知增强型操作工 | AR 丰富工厂环境并改善数字空间和物理空间之间的信息传递 | 智能手机、平板作为 RFID 的识别器，空间 AR 投影仪支持汽车制造 |
| 协作型操作工 | 协作机器人（Cobots）是面向直接与操作者协作而设计的。主要从事重复性工作或者非工效学的工作 | Baxter 和 Sawyer 的 Rethink 机器人是可以实现低成本、易操作的协作机器人 |
| 健康型操作工 | 可穿戴跟踪器可以测量活动、压力、心率和其他的健康指标，以及 GPS 定位和其他个人数据 | 可穿戴手表（Apple Watch、Fitbit 等）、手环等 |
| 智慧型操作工 | 基于 IPA 的解决方案，充分利用人工智能 | 帮助操作者与机器、电脑、数据库和其他信息系统进行交互 |
| 互动型操作工 | 企业社交网络服务（E-SNS）专注可移动和社交协作来连接智能车间的智能操作者 | 社交工业互联网可以创造、分享信息并进行信息交互来支持决策 |
| 力量型操作工 | 带动力、可穿戴、轻质、柔性的负重机器人 | 动力机构可以用来增强人类操作者的力量以减轻体力消耗 |
| 沉浸式操作工 | VR 是一种沉浸式、交互式、多媒体和计算机仿真现实，可以创造一种设计、装配或者制造环境的数字复制体，并可以与之交互 | 辅助操作者在危险情境下进行决策；基于 VR 的步态训练中的实时反馈；多目的的虚拟工程空间 |

#### 3.4.4.4 以人为中心的智能制造系统

路甬祥[5-7]等在二十世纪九十年代意识到当时的计算机集成制造系统和智能制造系统过分追求自动化和智能化的问题，提出人机一体化系统，该系统强调人在系统中的重要性，同时指出人机一体化系统与技术将是二十一世纪机械科学的重要发展方向。路甬祥和丁一等[5-7, 71]在分析人与机器的各自优缺点的基础上，结合思维科学理论，信息科学理论，人工智能技术和机械科学的新进展，对人机一体化系统与技术思想进行立论讨论；对人机一体化系统科学体系和关键技术进行研究，将人机一体化系统分为六个功能层次，包括结构与组成、感知与操作、通信与界面、决策与协作、功能与效益、开放与环境，人机一体化系统的关键技术包括人机耦合技术、思维的研究与处理、感知技术、新型信息库等；对人机一体化系统的建模技术进行研究，从感知层面、思维层面和执行层面进行综合建模，并对人主机辅、机主人辅、人机耦合三种控制策略进行讨论。Trentesaux等[69]分析了以技术为中心设计系统的局限性，指出目前智能制造系统缺乏对人的有效融合，并忽略了人类解决某些复杂问题的能力，作者认为在智能制造系统的早期设计阶段需要定义好相关人员的角色，即以人为中心来设计智能制造系统。作者同时认为，基于不同级别有关人员的能力和局限，可以提出人与机器之间任务分配以及人机合作的原则，进而根据系统情况选择自动化/智能化级别。美国国家科学基金会（NSF）于2016年公布“十大创意研究”项目，“人机前沿未来工作”项目是其中之一[70]。该项目以人为中心，目标是为了应对新工业革命可能带来的风险，包括过度自动化造成失业、对教育资源的压力、对技术的过度依赖，以及对人类技能的侵蚀等。随着智能制造系统的不断发展，在系统的设计、运行等过程中，以技术为中心正逐渐向以人为中心转变。

## 3.5 挑战与未来发展

面向智能制造的人因工程相关研究覆盖智能制造系统的设计、生产、物流、销售、服务等各个环节（见表3-5）。目前，中国在此领域的研究处于刚刚起步阶段，相关成果较少。因此，有必要综合分析中国相关领域所面临的挑战，并提出进一步发展的建议。

表 3-5 面向智能制造的人因工程相关研究

| 范　畴 | 内　容 | 对应环节 |
| --- | --- | --- |
| 人体工效学 | 手动重复性工作的自动化 | 生产 |
| | 人机协作引发的安全问题 | 生产 |
| | 可穿戴设备 | 生产、内部物流 |
| | 数字技术的应用 | 内部物流 |
| 认知工效学 | 虚拟模型改善认知并提升交互效率 | 生产 |
| | CPS 引入了新型的人机交互模式 | 设计、生产 |
| | 问题解决能力和 IT 技术是必要条件 | 设计、生产、物流、服务 |
| | AR 技术可以减轻认知压力 | 生产、服务 |
| | 跨部门数据交流持续改善认知工效学 | 设计、生产 |
| | 技术预测有助于提前进行技能储备 | 生产、服务 |
| 组织工效学 | 混合生产系统为人机交互架起了交互的桥梁 | 生产 |
| | 新型人机交互会影响工作的组织和设计 | 生产、服务 |
| | 以人为中心的设计方式对工人更友善 | 设计、生产 |
| | 产用融合 | 设计、生产、销售、服务 |
| 人机关系 | 人与机器人关系 | 主要在生产环节 |
| | 人与 CPS 关系 | |
| | 新一代操作工（Operator 4.0） | |
| | 以人为中心的智能制造系统 | |
| | 人机一体化 | |

## 3.5.1 面临的挑战

当前，中国智能制造系统人因工程相关领域所面临的挑战主要来自三个层面：学科层面、研究层面和社会层面。

### 3.5.1.1 学科层面

智能制造系统人因工程，所涉及的学科/专业涵盖机械工程、仿生学、神经科学、脑科学、认知科学、工业工程、甚至哲学等，以及与互联网、机器人、大数据、机器学习等理论、方法和技术的结合，总体来看，属于交叉科学与技术，存在被边缘化的风险。例如，人因工程，由于学科发展的历史原因，目前人因工程作为一个方向，设立在人机环境工程、工业工程等学科下面，其重要性和内涵尚未得到重视；对于智能制造系统，相关概念正处于迅速升温阶段，不少企业花重金投入在机器人、人工智能等方面，却容易忽略其中人的因素的重要性，面临“重硬轻软”的挑战。因此，学科/专业和相关研究的边缘化是智能制造系统人因工程面临的挑战之一[71]。

#### 3.5.1.2 研究层面

人因工程以人为研究对象，研究系统中人为因素的影响，同时也研究环境、机器、工具、信息、软件等对人的影响；智能制造系统又存在大量不确定性和复杂性，因而，考虑人的因素的智能制造系统是一个非常复杂的系统。同时，人的某些因素（情绪、感觉、灵感等）难以量化和建模，在回路仿真、行为决策建模、人机性能建模等方面存在大量挑战。总之，智能制造系统人因工程的另一个重大挑战是复杂系统建模[9]。

#### 3.5.1.3 社会层面

目前社会各界对于智能制造的理解存在一些误解，在具体推动智能制造的发展过程中也存在很多疑惑[72]，例如，智能化是否意味着机器完全代替人，怎样协调工人就业与智能化之间的平衡问题。因此，制造业数字化、网络化、智能化可能带来的伦理道德、工作就业、数据治理等问题是智能制造系统人因工程的又一挑战[73]。

### 3.5.2 未来发展方向

面对上述挑战，中国智能制造系统人因工程相关领域的未来发展方向为对接国家顶层战略、完善HCPS学科体系、推动人因融入系统设计、加强定量研究与评测、创新应用新兴技术、研究未来工人与工作。

#### 3.5.2.1 对接国家顶层战略

将人因工程纳入制造强国、人工智能、质量强国等国家战略和规划体系中，扭转目前“重硬轻软”的被动局面。加强顶层战略设计和行业宣贯，让人因工程与工效学的理念与方法深入智能制造系统的落地实践中。促进人因工程理念与方法论落实到智能制造相关政策、制度和标准中，推动人因工程在智能制造各领域的应用。在更多行业和领域的智能制造实践中开展人因工程应用的试点示范，加强宣传推广，提升智能制造人因工程与工效学的影响力。

#### 3.5.2.2　完善HCPS学科体系

随着新一代信息技术的迅猛发展，人、物理系统、信息系统正在成为智能制造系统不可或缺的三个组成部分，传统的人-机-环境系统理论与方法需要升级为人-信息-物理系统。围绕人这一关键因素，构建完善的HCPS理论和学科体系，有力支撑智能制造系统人因工程的研究与发展，具体内容包括HCPS理论与系统架构、HCPS使能技术研究、HCPS最佳应用实践和标准体系等。

#### 3.5.2.3　推动人因融入系统设计

人因设计是智能制造系统和智能产品设计的必须环节。目前产品开发过程中缺乏人因设计环节，建议制定产品开发中有关人因设计环节的强制性要求，将人因工程贯穿系统/产品设计研制的全过程，充分发挥人因设计的作用，提高系统的人因设计水平。加强人因设计的方法学研究，进一步提升其价值和地位。加强人的数字孪生体相关研究。

#### 3.5.2.4　加强定量研究与评测

人因工程评价应用和研究存在定性指标多而定量指标少，主观评价多而客观评价少等问题，需要建立完善定量和客观的测试技术与评价指标。建议尽快建立智能制造系统人因工程与工效学测评中心，确保各类系统产品人因测评规范、高效、可靠。同时，要加强智能制造系统中人因工程定量研究、实证研究和案例研究，促进定量研究和定性研究的融合，不断丰富研究手段和方法。

#### 3.5.2.5　创新应用新兴技术

新兴技术与装备的创新性应用主要包括两个方面。一是如何将人的经验、知识快速高效地转移到信息系统并集成到智能制造系统中，从而提高系统处理复杂问题的能力，相关技术包括深度学习、迁移学习、知识自动化等；二是在制造系统实现完全自动化/智能化之前，如何使用新技术与方法来提高人与人、人与机器之间的沟通互动与控制能力，如何使用各种技术提高人的工作效率、提升管理水平、保护工作人员身心健康，相关技术包括智能装备、5G、可穿戴智能产品、虚拟现实技术、数字孪生、人机交互等。总之，综合考虑人和机器，并创新应用各种新兴技术来构建新一代智能制造系统。

#### 3.5.2.6 研究未来工人与工作

人工智能、机器人等技术的飞速发展，让不少人感到不安。因此，智能制造系统人因工程的研究和应用能够进一步消除不确定性，使系统的运行可预测、可控制、构建和谐的人机关系使人与机器和谐共处、利用新技术提升员工工作舒适度和幸福感。建议要进一步研究智能化投入与产出比、未来工作分工、工人安全和隐私、教育与培训改革等内容。

## 3.6 小结

智能制造转型是一个长期过程，不可能一蹴而就。人因工程在制造业自动化与信息化进程中发挥了重大作用，必将在制造业迈向数字化、网络化、智能化过程中继续发挥重要作用。本章在分析智能制造系统中人的作用的基础上，梳理了面向智能制造的人因工程的研究内容，即包括智能制造系统人体工效学、认知工效学、组织工效学、人机关系等内容，综述了国内外相关领域的研究进展。主要结论如下：国内外学者和相关部门高度重视智能制造系统中人的作用，HCPS是分析智能制造系统中人的作用的重要理论和模型。在智能制造系统人因工程的研究中，人机一体化趋势明显，保障人的安全仍然是首要任务；新一代信息技术的使用减少了人员的认知压力，同时又要求制造企业有更强的技术储备；智能制造系统的组织结构向扁平化方向发展，并要求更新工作设计方式，制造范式进一步向产用融合方向发展。智能制造系统人机关系的相关研究包括人与机器人的关系、人与CPS的关系、新一代操作工，以及以人为中心的智能制造系统等内容，人与机器之间的相互适应、和谐共生是人机关系的发展方向。

## 参考文献


[1] 姚锡凡，刘敏，张剑铭，等. 人工智能视角下的智能制造前世今生与未来[J]. 计算机集成制造系统，2019, 25(1): 19-34.

[2] 周佳军，姚锡凡，刘敏，等. 几种新兴智能制造模式研究评述[J]. 计算机集成制造系统，2017, 23(3): 624-639.

[3] ZHOU J, LI P, ZHOU Y, et al. Toward new-generation intelligent manufacturing[J]. Engineering, 2018, 4(1): 11-20.

[4] 臧冀原，王柏村，孟柳，等. 智能制造的三个基本范式：从数字化制造、"互联网+"制造到新一代智能制造[J]. 中国工程科学，2018, 20(4): 13-18.

[5] 路甬祥，陈鹰. 人机一体化系统与技术立论[J]. 机械工程学报，1994, 30(6): 1-9.

[6] 路甬祥，陈鹰. 人机一体化系统科学体系和关键技术[J]. 机械工程学报，1995, 31(1): 1-7.

[7] 杨灿军，路甬祥. 人机一体化系统建模初探[J]. 机械工业自动化，1997, 19(1): 1-5.

[8] 潘锋. 国外柔性加工系统的发展状况、趋势及无人工厂的实践[J]. 国外自动化，1983, (6): 48-51+68.

[9] ZHOU J, ZHOU Y, WANG B, et al. Human–cyber–physical systems (HCPSs) in the context of new-generation intelligent manufacturing[J]. Engineering, 2019, 5(4): 624-636.

[10] 王柏村，臧冀原，屈贤明，等. 基于人-信息-物理系统（HCPS）的新一代智能制造研究[J]. 中国工程科学，2018, 20(4): 29-34.

[11] 赵敏. 数字虚体，智能革命的助推器—解读《三体智能革命》[J]. 中国机械工程，2018, 29(1): 110-119.

[12] NUDES D, SILVA J S, BOAVIDA F. A practical introduction to human-in-the-loop cyber-physical systems[M]. Hoboken, New Jersey: John Wiley & Sons, 2018.

[13] 张伯鹏，汪劲松. 制造系统中知识信息与人的作用[J]. 机械工程学报，1994, 30(5): 61-65.

[14] 谢贤平，冯长根，钱新明. 敏捷制造系统中人的因素研究[J]. 人类工效

学，2000, 6(3): 15-18.

[15] 陆爱华. 在先进制造业中应发挥人的最大效用[J]. 企业经济，2004, (7): 11-13.

[16] 陈国权. 先进制造技术系统研究开发和应用的关键—人的因素[J]. 中国机械工程，1996, 7(1):12-14.

[17] 俞惠敏. 现代制造系统中人的作用[J]. 广东石油化工高等专科学校学报，2000, 10(3): 59-61.

[18] EVANS P C, ANNUNZIATA M. Industrial internet: Pushing the boundaries[J]. General Electric Reports, 2012: 488-508.

[19] ROMERO D, STAHRE J, WUEST T, et al. Towards an operator 4.0 typology: a human-centric perspective on the fourth industrial revolution technologies[C]//Proceedings of the International Conference on Computers and Industrial Engineering (CIE46). Tianjin: IEEE, 2016: 29-31.

[20] ROMERO D, BERNUS P, NORAN O, et al. The operator 4.0: Human cyber-physical systems & adaptive automation towards human-automation symbiosis work systems[C]//IFIP international conference on advances in production management systems. Cham, Switzerland: Springer, 2016: 677-686.

[21] MADNI A M. Integrating humans with software and systems: Technical challenges and a research agenda[J]. Systems Engineering, 2010, 13(3): 232-245.

[22] MADNI A M, SIEVERS M, MADNI C C. Adaptive cyber - physical - human systems: Exploiting cognitive modeling and machine learning in the control loop [J]. Insight, 2018, 21(3): 87-93.

[23] JIN M. Data-efficient analytics for optimal human-cyber-physical systems[D]. Berkeley: University of California, Berkeley, 2017.

[24] PéREZ L, RODRíGUEZ-JIMéNEZ S, RODRíGUEZ N, et al. Symbiotic human–robot collaborative approach for increased productivity and enhanced safety in the aerospace manufacturing industry[J]. The International Journal of Advanced Manufacturing Technology, 2020, 106(3): 851-863.

[25] “新一代人工智能引领下的智能制造研究”课题组. 中国智能制造发展战略研究[J]. 中国工程科学，2018, 20(4): 9-16.

[26] 李清，唐骞璘，陈耀棠，等. 智能制造体系架构、参考模型与标准化框架

研究[J]. 计算机集成制造系统，2018, 24(3): 539-549.

[27] 孙林岩. 人因工程(修订版)[M]. 北京：中国科学技术出版社，2005.

[28] KADIR B A, BROBERG O, SOUZA DA CONCEIçãO C. Designing human-robot collaborations in Industry 4.0: Explorative case studies[C]//Proceedings of the DESIGN 2018 15th International Design Conference. Dubrovnik, Croatia: The Design Society, 2018: 601-610.

[29] KERPEN D, LöHRER M, SAGGIOMO M, et al. Effects of cyber-physical production systems on human factors in a weaving mill: Implementation of digital working environments based on augmented reality[C]//IEEE International Conference on Industrial Technology. Taibei, China: IEEE, 2016: 2094-2098.

[30] DANNAPFEL M, BURGGRäF P, BERTRAM S, et al. Systematic planning approach for heavy-duty human-robot cooperation in automotive flow assembly[J]. International Journal of Electrical and Electronic Engineering and Telecommunications, 2018, 7(2): 51-57.

[31] RICHTER A, HEINRICH P, STOCKER A, et al. Digital work design[J]. Business & Information Systems Engineering, 2018, 60(3): 259-264.

[32] FANTINI P, TAVOLA G, TAISCH M, et al. Exploring the integration of the human as a flexibility factor in CPS enabled manufacturing environments: Methodology and results[C]// IECON 2016-42nd Annual Conference of the IEEE Industrial Electronics Society. Florence: IEEE, 2016: 5711-5716.

[33] RICHERT A, SHEHADEH M A, MüLLER S L, et al. Socializing with robots: human-robot interactions within a virtual environment[C]//2016 IEEE Workshop on Advanced Robotics and its Social Impacts (ARSO). Shanghai, China: IEEE, 2016: 49-54.

[34] RICHERT A, SHEHADEH M, MüLLER S, et al. Robotic Workmates: Hybrid Human-Robot-Teams in the Industry 4.0[C]//International Conference on e-Learning. Kuala Lumpur: Academic Conferences International Limited, 2016: 127.

[35] STERN H, BECKER T. Development of a model for the integration of human factors in cyber-physical production systems[J]. Procedia Manufacturing,

2017, 9: 151-158.

[36] HUMMEL V, HYRA K, RANZ F, et al. Competence development for the holistic design of collaborative work systems in the Logistics Learning Factory[J]. Procedia CIRP, 2015, 32: 76-81.

[37] MATTHIAS B, REISINGER T. Example application of ISO/TS 15066 to a collaborative assembly scenario[C]//Proceedings of ISR 2016: 47st International Symposium on Robotics. Munich: VDE, 2016: 1-5.

[38] HORVÁTH G, ERDŐS F G. Gesture control of cyber physical systems[J]. Procedia Cirp, 2017, 63: 184-188.

[39] SCHEUERMANN C, STROBEL M, BRUEGGE B, et al. Increasing the Support to Humans in Factory Environments using a Smart Glove: An Evaluation[C]//2016 Intl IEEE Conferences on Ubiquitous Intelligence & Computing, Advanced and Trusted Computing, Scalable Computing and Communications, Cloud and Big Data Computing, Internet of People, and Smart World Congress (UIC/ATC/ScalCom/CBDCom/IoP/SmartWorld). Toulouse: IEEE, 2016: 847-854.

[40] BORISOV O I, GROMOV V S, KOLYUBIN S A, et al. Human-free robotic automation of industrial operations[C]//IECON 2016-42nd Annual Conference of the IEEE Industrial Electronics Society. Florence: IEEE, 2016: 6867-6872.

[41] SENEVIRATNE S, HU Y, NGUYEN T, et al. A survey of wearable devices and challenges[J]. IEEE Communications Surveys & Tutorials, 2017, 19(4): 2573-2620.

[42] MEATTINI R, BENATTI S, SCARCIA U, et al. An sEMG-based human–robot interface for robotic hands using machine learning and synergies[J]. IEEE Transactions on Components, Packaging and Manufacturing Technology, 2018, 8(7): 1149-1158.

[43] YIM S, MIYASHITA S, RUS D, et al. Teleoperated micromanipulation system manufactured by cut-and-fold techniques[J]. IEEE Transactions on Robotics, 2017, 33(2): 456-467.

[44] LAZAROVA-MOLNAR S, MOHAMED N, SHAKER H R. Reliability modeling of cyber-physical systems: A holistic overview and challenges[C]//2017

Workshop on Modeling and Simulation of Cyber-Physical Energy Systems (MSCPES). Pittsburgh: IEEE, 2017: 1-6.

[45] MAZALI T. From industry 4.0 to society 4.0, there and back[J]. Ai & Society, 2018, 33(3): 405-411.

[46] BECKER T, STERN H. Future trends in human work area design for cyber-physical production systems[J]. Procedia Cirp, 2016, 57: 404-409.

[47] MA M, LIN W, PAN D, et al. Data and decision intelligence for human-in-the-loop cyber-physical systems: Reference model, recent progresses and challenges[J]. Journal of Signal Processing Systems, 2018, 90(8-9): 1167-1178.

[48] RAINA A, MCCOMB C, CAGAN J. Learning to design from humans: Imitating human designers through deep learning[J]. Journal of Mechanical Design, 2019, 141(11): 111102.

[49] RAINA A, CAGAN J, MCCOMB C. Transferring design strategies from human to computer and across design problems[J]. Journal of Mechanical Design, 2019, 141(11): 114501.

[50] DWORSCHAK B, ZAISER H. Competences for cyber-physical systems in manufacturing–first findings and scenarios[J]. Procedia Cirp, 2014, 25: 345-350.

[51] THEIS S, ALEXANDER T, WILLE M. The nexus of human factors in cyber-physical systems: ergonomics of eyewear for industrial applications[C]// Proceedings of the 2014 ACM International Symposium on Wearable Computers: Adjunct Program, September 13-17. Seattle, WA, USA: ACM, 2014: 217-220.

[52] FANTINI P, PINZONE M, TAISCH M. Placing the operator at the centre of Industry 4.0 design: Modelling and assessing human activities within cyber-physical systems[J]. Computers & Industrial Engineering, 2020, 139: 105058.

[53] 尹旭悦，范秀敏，王磊，等. 航天产品装配作业增强现实引导训练系统及应用 [J]. 航空制造技术，2018, 61(1): 48-53.

[54] 张秋月，安鲁陵. 虚拟现实和增强现实技术在飞机装配中的应用 [J]. 航空制造技术，2017, (11): 40-45.

[55] 唐健钧，叶波，耿俊浩. 飞机装配作业AR智能引导技术探索与实践[J]. 航空制造技术，2019, 62(8): 22-27.

[56] CZERNIAK J N, BRANDL C, MERTENS A. Designing human-machine interaction concepts for machine tool controls regarding ergonomic requirements[J]. IFAC-PapersOnLine, 2017, 50(1): 1378-1383.

[57] PACAUX-LEMOINE M P, TRENTESAUX D, REY G Z, et al. Designing intelligent manufacturing systems through Human-Machine Cooperation principles: A human-centered approach[J]. Computers & Industrial Engineering, 2017, 111: 581-595.

[58] PERUZZINI M, PELLICCIARI M. A framework to design a human-centred adaptive manufacturing system for aging workers[J]. Advanced Engineering Informatics, 2017, 33: 330-349.

[59] 程晓蕾，张平华. 智能制造工业4.0体系下的高层次人才培养模式分析[J]. 科教文汇旬刊，2015, (7): 50-51, 74.

[60] 汪应洛，孙林岩，黄映辉. 先进制造生产模式与管理的研究[J]. 中国机械工程，1997, 8(2): 63-73.

[61] 陶永，王田苗，李秋实，等. 基于“互联网+”的制造业全生命周期设计、制造、服务一体化[J]. 科技导报，2016, 34(490/4): 47-51.

[62] 杨青峰. 产用融合——智能技术群驱动的第五制造范式[J]. 中国科学院院刊，2019, 34(1): 32-41.

[63] 张瑞敏，姜奇平，胡国栋. 基于海尔“人单合一”模式的用户乘数与价值管理研究[J]. 管理学报，2018, 15(9): 1265-1274.

[64] MADNI A M, SIEVERS M, MADNI C C. Adaptive cyber-physical-human systems: Exploiting cognitive modeling and machine learning in the control loop[J]. Insight, 2018, 21(3): 87-93.

[65] WANG L, GAO R, VáNCZA J, et al. Symbiotic human-robot collaborative assembly[J]. CIRP annals, 2019, 68(2): 701-726.

[66] RUPPERT T, JASKó S, HOLCZINGER T, et al. Enabling technologies for operator 4.0: A survey[J]. Applied Sciences, 2018, 8(9): 1650.

[67] SCHIRNER G, ERDOGMUS D, CHOWDHURY K, et al. The future of human-in-the-loop cyber-physical systems[J]. Computer, 2013, 46(1): 36-45.

[68] NUNES D S, ZHANG P, SILVA J S. A survey on human-in-the-loop applications towards an internet of all[J]. IEEE Communications Surveys & Tutorials, 2015, 17(2): 944-965.

[69] TRENTESAUX D, MILLOT P. A human-centred design to break the myth of the “magic human” in intelligent manufacturing systems[M]//Service orientation in holonic and multi-agent manufacturing. Cham, Switzerland: Springer, 2016: 103-113.

[70] The FW-HTF Program Team of NSF. Future of Work at the Human-Technology Frontier: Core Research(FW-HTF)[EB/OL]. (2021-12-02) [2022-12-9]. https://www.nsf.gov/funding/pgm_summ.jsp?pims_id=505620.

[71] 丁一，操雅琴，费志敏. 智能制造背景下人因工程实验教学改革探索[J]. 中国教育技术装备，2018, 22(4): 123-125.

[72] 郭朝晖，刘胜. 智能制造的概念与推进策略[J]. 科技导报，2018, 36(21) : 56-62.

[73] 许为，葛列众. 人因学发展的新取向[J]. 心理科学进展，2018, 26(9):1521-1534.

# 第4章
# HCPS视角下智能制造的发展与研究①

## 4.1 引言

面对新一轮工业革命，世界各国尤其是发达国家都在积极采取行动，以确保本国在未来工业/制造业竞争中的领先地位。分析这些国家的工业/制造业战略计划，至少可总结出两个共同点，一是多数国家将发展智能制造作为构建未来制造业竞争优势的关键举措；二是多数国家结合本国国情提出了认识人类社会，特别是工业/制造业演进发展和代际划分的独特视角，并作为推进本国战略计划的理论基础（如德国、日本、韩国等）。纵观不同国家或学者对工业/制造业演进发展代际划分的方式，其主要视角可概括为“二—三—四—五”。

“二”代表Erik和McAfee提出的第二次机器革命（The Second Machine Age）[1]：以蒸汽机、内燃机和电力为代表的工业革命属于第一次机器革命；以计算机、软件、大数据、机器智能为代表则属于第二次机器革命。

“三”代表美国GE公司提出的三次浪潮（Three Waves）[2]。第一次浪潮——工业革命，第二次浪潮——互联网革命，第三次浪潮——工业互联网。

“四”代表德国提出的工业4.0（Industry 4.0）[3]。前三次工业革命的主要特征分别是机械化、电气化、信息化；第四次工业革命（工业4.0）将推动制造业向智能化和服务化转型。

“五”代表日本提出的社会5.0（Society 5.0）[4]。5次社会革命分别是狩猎

① 本章作者为王柏村、易兵、刘振宇、周源、周艳红，发表于《计算机集成制造系统》2021年第10期，收录本书时有修改。

社会、农业社会、工业社会、信息社会、超智能社会（社会5.0）。

近年来，中国高度重视智能制造的发展，制造强国战略明确提出以推进智能制造为主攻方向[5]；《新一代人工智能发展规划》明确提出智能制造是重要的应用方向[6]。与此同时，无论是“二次机器革命”“三次浪潮”“四次工业革命”，还是“五个社会阶段”，由于国情和发展阶段不同，以及要解决的主要问题不同，这些演进发展和代际划分的方式并不完全适合中国国情。要深入理解智能制造、推动智能制造持续健康快速发展，必须结合时代发展趋势，提出适合中国国情的智能制造范式演进视角，进而研判智能制造的未来发展方向、提前谋划，加快推进中国制造的智能转型。

综上，本章将秉承中国特色的两化融合以及以人为本的思想，分析HCPS的内涵与系统组成；分析HCPS视角下的智能制造；综述智能制造的相关研究进展；最后基于HCPS视角提出中国智能制造发展的若干建议。

## 4.2 HCPS的内涵与系统组成

从系统构成看，HCPS是以人为中心、由人-物理系统进化而来（见图4-1），由人、信息系统和物理系统有机集成的综合智能系统，包括HPS、HCS、CPS等子系统，是当代和未来世界有效解决形形色色问题的一种普适形态和观念，覆盖人类生产和生活的方方面面[7]，其具体组成要素如表4-1所示。其中，物理系统是主体，是制造活动能量流与物质流的执行者；信息

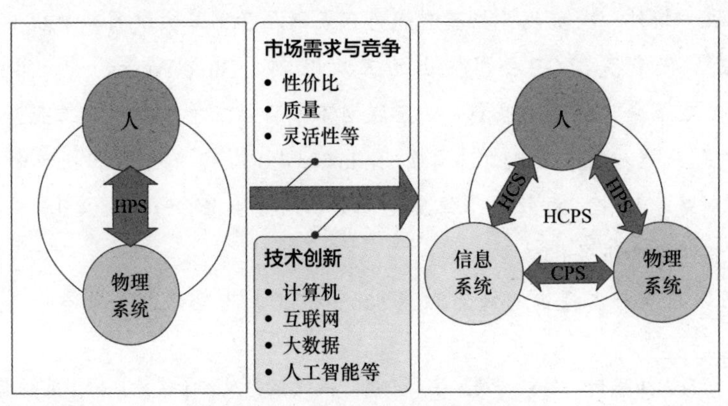


图4-1 从HPS到HCPS

系统是主导，是制造活动信息流的核心，辅助或者代替人类对物理系统进行感知、认知、分析决策与控制，使物理系统以最优的方式运行；人是整个系统的主宰，一方面，人是物理系统和信息系统的创造者，信息系统的智能是由人赋予的，另一方面，人也是系统的操作者、运营者和管理者。因此，无论是物理系统，还是信息系统，都是为人类服务的。相比于传统 HPS 中人对机械系统的直接作用，在 HCPS 中，部分劳动者从枯燥、烦琐的体力劳动中解脱出来，物理系统（机械）可以更好更快地完成大量机械工作（即机械自动化），同时信息系统也有效地提高了脑力劳动的自动化水平（即知识自动化），解放人类的部分脑力劳动。

**表 4-1　人－信息－物理系统的组成要素**

| 维　度 | 子 维 度 | 具体内容 |
|---|---|---|
| 人 | 人的角色 | 设计者、操作者、使用者、管理者、代理人等 |
| | 人的因素 | 工具性因素、环境性因素、认知与决策因素、文化因素等 |
| | 组织形式 | 个体、部门、企业、企业联盟和网络等 |
| | 人才层次 | 普通员工、技能人员、专业技术人员和创新型人才等 |
| 信息系统 | 感知 | 声、力、振动、热、电流、磁、光学、成像、速度等 |
| | 通信 | 电报、电话、光纤、无线和移动通信等 |
| | 网络 | 局域网、广域网、互联网、移动互联网和物联网等 |
| | 存储 | 印刷介质、磁性介质、激光和半导体介质等 |
| | 数据库 | 本地数据、分布式数据、在线数据、云和大数据 |
| | 信息基础设施 | 终端、服务器-客户机、浏览器/服务器模式、面向服务的架构和云计算等 |
| | CAX/模拟仿真 | 计算机辅助设计、计算机辅助制造、计算机辅助工艺过程和数字孪生等 |
| | 控制 | 开环和闭环控制、比例积分微分控制、自适应和智能控制等 |
| | 人工智能/机器学习 | 模糊逻辑、专家系统、神经网络、深度学习、强化学习等 |
| 物理系统 | 能源 | 水力发电、煤炭、石油和天然气、电力、核能和清洁能源等 |
| | 材料 | 木材、金属、复合材料、半导体材料、纳米材料和智能材料等 |
| | 加工方式 | 机械加工、铸造、焊接、电处理、数控、机器人和增材制造等 |
| | 装备与设备 | 手工工具、机床、传感器和执行器、数控装备、机器人和智能工厂等 |
| 系统集成 | 系统层次 | 现场设备、车间、工厂、企业和全球业务网络 |
| | 产品生命周期 | 产品设计、加工过程设计、生产工程、制造、使用和服务、回收等 |
| | 商业生命周期 | 计划、采购、制造、交付和退货等 |
| | 生产生命周期 | 设计、建造、调试、运行和维护、退役和回收等 |
| | 制造模式/范式 | 手工、精益、敏捷、可重构、数字化、可持续、智能化等制造模式/范式 |

在HCPS中，人、信息系统、物理系统三者之间的交互融合，先后形成了三个子系统，即HPS、HCS和CPS。

由人类和简易物理工具/装置共同组成的生产生活系统称作人-物理系统（HPS）。HPS发展的实质是人类不断在物理系统（动力系统、机械结构等）上创新、应用，使机器（物理系统）进一步代替人类完成更多的体力劳动。HPS发展的时间跨度包含了第一次和第二次工业革命，涉及生产力的发展、生产方式的进步、劳动组织形式的改变、社会结构的变革等多个方面。HPS的发展逐步提高了生产、生活系统的性能和效率，在一定程度上扩展了人类生产生活的物理边界。但在HPS中，需要人与机器发生物理接触，人直接操作控制机器人完成各种工作任务，并要求人利用眼睛、耳朵、四肢及大脑完成多方面的任务，人类需要不断优化机器的外形、尺寸、操纵力等工具性因素，以及振动、噪声、温度、湿度等环境因素，以更适合人的身心特点。另外，由于人类的一些先天特性（如操作失误、疲劳、遗忘、伤病等），使HPS在处理复杂工作任务、信息交流与传播、经验固化与传承等方面存在不足和挑战。

在早期的HPS中，信息主要来源于书籍、书面交流、当面交谈等方式。随着现代信息技术的出现，人类与信息系统的交互形成了HCS[8]。从此，人类的信息获取、储存、加工和传播发生了革命性变化。人机交互可认为是HCS的早期形态，其中，计算机语言（程序设计语言）是人与信息系统（如计算机）之间通信交互的基本语言。之后，高级程序语言的出现使软件产业开始萌芽。软件是HCS发展的另一种重要体现和反映，是人类与信息系统对接的一种常见方式。HCS的出现使信息系统可以迁移/复制人类的经验知识和部分的脑力智慧，从而建立新的数字世界。此后，互联网、万维网、社交网络等的发展彻底改变了人类的生活和生产方式。根据美国国家科学基金会的描述[9]，如今HCS的范畴已扩展到开源、增强现实、混合现实、社会计算等领域。同时，随着人因工程学的发展进步，HCS成为人的因素、组织管理和文化因素等研究领域重要的理念和工具。

借助计算机、通信、控制、网络等技术[10, 11]，对人造物理系统进行控制，形成嵌入式系统、自动控制系统和智能体系统，可以认为是早期形态的CPS[12]，不过其交互范围和使用价值有限。近年来，伴随着信息通信技术（Information and Communications Technology，ICT）的飞速发展，CPS的范畴迅速扩展，多个国家和部门都尝试对CPS做出详细描述，学术界与工业界等也高度重视CPS的研究和应用推广，CPS开始进入发展成熟期[13, 14]。总体来看，CPS的本质就是构建一套信息空间与物理空间之间的基于数据自动流动的闭环智能系统，通过网络化空间实时、安全、可靠地操控物理实体，以解决多维复杂系统中的不确定性和复杂性问题，从而提高资源配置效率，实现资源优化，具体包括状态感知、实时分析、自主决策、精准控制等多个层次[15]。CPS是HCPS非常重要的组成部分，赋予人类与自然界（包括机器）一种新关系，成为当前HCPS领域的一个研究热点。

总之，HCPS涉及机械科学、信息科学、计算机科学、能源科学、材料科学、生命科学、思维科学、社会科学等基础科学，是多学科交叉融合的产物，其应用覆盖多个领域，如制造业、交通、能源、环境、医疗、健康、农业等，本章主要聚焦HCPS在制造业的应用实践，即智能制造。

## 4.3 HCPS视角下的智能制造

### 4.3.1 智能制造的发展演进

HCPS的发展过程实质也是信息技术不断发展的过程，即从数字化、网络化走向智能化[7]。为了更好地服务制造业的智能转型、优化升级，在深刻分析各种制造模式/范式的基础上，周济等[7, 16-19]基于HCPS理论归纳提出了智能制造的三个基本范式（见表4-2），数字化制造（HCPS 1.0）、数字化网络化制造（HCPS 1.5），以及新一代智能制造（HCPS 2.0）。当前，以新一代人工智能为主要特征的新一代信息技术正在开创智能制造创新发展的新阶段。二十世纪八十年代以来，中国企业逐步推进应用数字化制造，取得了巨大进步，各地大力推进“数控一代产品创新”和“数字化改造”，一大批数字化生产线、数字化车间、数字化工厂建立起来，众多企业完成了数字化制造升级。进入二十世纪以来，中国工业界抓住互联网发展的机遇，大力推进互联网+制造，数字化、网络化水平大大提高。一批数字化制造基础较好的企业成功转型，实现了数字化网络化制造；大量原来还未完成数字化制造的企业，采用并行推进数字化和网络化的技术路线，完成了数字化制造的“补课”，同时跨越到了互联网+制造的阶段，实现了企业优化升级。从研究层面来看，新一代智能制造的相关技术包括物联网、数字孪生、CPS、智能机器人、云计算、大数据分析、深度学习等，这些技术可以从感知、模拟仿真、控制、分析决策等层面提高制造系统的相关性能。但考虑到这些技术的规模化应用目前还不成熟，中国制造业当前的工作重点仍为大规模推广和应用互联网+制造，同时，需要重视新一代智能制造技术的研究和融合应用。

表 4-2　HCPS 与智能制造的基本范式

| 智能制造范式 | 阶　段 | 基本标志 / 特征 | 核心技术 | 典型代表 |
|---|---|---|---|---|
| 数字化制造 | HCPS 1.0 | 计算机、通信和数字控制等信息化技术的发明和广泛应用 | 数控技术 | 数控一代产品 |
| 数字化网络化制造 | HCPS 1.5 | 互联网技术快速发展并得到广泛普及和应用 | 互联网<br>云平台 | 远程运维 |
| 新一代智能制造 | HCPS 2.0 | 云计算、大数据、深度学习等信息技术普及应用 | AI 2.0 | 自主学习 |

## 4.3.2　新一代智能制造的技术特征

新一代智能制造本质是“新一代人工智能+互联网+数字化制造”，其特征至少包括以下四个方面。

1．AI 2.0的突破与运用

AI 2.0将使HCPS发生质的变化，形成新一代人-信息-物理系统，大数据智能、多媒体智能和人机混合增强智能等技术的发展，推动人与信息系统的关系发生根本性变化，即从“授之以鱼”发展到“授之以渔”[26-29]。在新一代智能制造中，由于信息系统开始具有深度学习和自主认知的能力，人类可以将更多的脑力劳动或知识型工作交给信息系统完成，人类将有更多精力去思考和从事更具想象力和创造力的工作，这一变化将贯穿设计、生产、管理、服务、运维等各个制造环节及系统集成。随着深度强化学习等研究的不断深入，人类将有望接近“解决智能，并用智能解决一切”的目标[30]。

2．产业链集成与优化

在传感器、工业网络、物联网、大数据分析等技术的共同作用下，新一代智能制造不仅涵盖产品设计、生产制造、物流、售后等多个环节，更涉及能源、材料、信息、金融等多个产业链的集成与优化，企业内部研发、生产、销售、服务、管理等过程实现动态集成；基于工业互联网与智能云平台，企业与企业间实现共享和协作；制造业与上下游产业的互动与协作将形成服务型制造业和生产型服务业共同发展的新业态。

3．复杂系统建模与分析

有效建立制造系统不同层次的模型是实现复杂制造系统精准分析、优化决策与智能控制的基础。数理建模方法可以揭示物理世界的客观规律，但却难以精准分析解决制造系统中不确定性和复杂性问题，而大数据智能建模可以在一定程度上解决制造系统的不确定性和复杂性问题。理论上，新一代智能制造通过深度融合数理建模与大数据智能建模所形成的混合建模方法，将推动复杂系统分析方法从“强调因果关系”的模式向“强调关联关系”的创新模式转变，进而向“关联关系”和“因果关系”深度融合的先进模式发展，从根本上提高复杂制造系统建模和分析的能力。

4．制造与社会深度融合

新一代智能制造充分考虑人的因素和人类需求，以顾客、用户和员工为中心，促进人与人之间、人与机器之间、机器与社会之间的沟通和知识的流通，推动形成“大众创业，万众创新”的良好生态。终端用户可以直接参与到产品的设计、生产和服务活动中，增强用户体验和满意度。同时，新一代智能制造将制造业的发展与生态环境和社会福祉融合在一起，综合考虑经济、资源、环境、社会等因素并持续优化[31, 32]。

新一代智能制造还处于起步阶段，其定义、内涵及特征将不断的扩展。新一代智能制造并不指某一单　的制造模式/范式，在其发展进程中会相伴出现大量的制造新模式、新业态，诸如共享制造、可持续制造、智慧制造等[33-35]。

## 4.4　相关研究进展

新一代智能制造是新一代人工智能与先进制造技术深度融合的产物，同时还可延伸到其他领域（能源、交通、医疗、社会等）。本节从新一代人工智能研究进展、新一代智能制造研究发展、智能制造与其他系统的集成融合三个方面展开论述。

### 4.4.1 新一代人工智能研究进展

智能科学主要涵盖自然智能和人工智能两个领域。人工智能是智能科学的一个分支，其历史可以追溯到二十世纪四十年代初[36]。二十一世纪以来，特别是近十年来，移动互联、大数据、云计算、物联网等新一代信息技术极其迅速的普及应用，使人类社会—信息空间—物理空间三元系统加速融合形成更加先进的HCPS。HCPS三元系统的技术融合和集成创新，使大数据真正走向大知识，推动人类认知和控制能力的变化。这些历史性的技术进步，使新一代人工智能（AI 2.0）应运而生，并呈现出深度学习、人机协同等新特征[26]。目前，新一代人工智能主要体现在以下几个方面，即大数据智能、群体智能、跨媒体智能、混合增强智能和自主智能系统。其中，大数据智能、跨媒体智能、自主智能系统等[28, 37]，主要通过信息系统的技术创新来不断提高机器的智能水平。大数据智能指数据驱动和知识引导相结合的智能；跨媒体智能指从分类型处理多媒体数据（如视觉、听觉、文字等），迈向跨媒体认知、学习和推理的新水平智能；自主智能系统将研究的理念从机器人转向自主协同控制与优化决策智能系统[38]。此类系统中，人是系统的设计者，虽不直接参与系统的实时运行与控制，但仍然保留对系统运维、创新和优化的权限。混合增强智能和群体智能[27, 29]通过人与信息系统的协同创新，充分发挥人类智能与机器智能的各自优势，达到“1+1>2”的效果。混合增强智能主要研究人在控制回路的智能、脑机协同及人机群组协同等内容；群体智能主要包括群体智能结构理论、群体智能激励机制、群体智能学习等理论和方法[38]。此类系统中，人不仅是系统的设计者和管理者，还会参与系统的实时运行与控制。

AI 2.0正在快速促进人工智能在各行业的融合创新和规模化应用。例如，随着人工智能从以符号智能为代表的传统AI发展到以大数据智能为代表的AI 2.0，智能制造也正在发生重大变化，传统以专家系统为代表的智能制造逐渐发展到面向数字化、网络化、智能化、服务化的新一代智能制造，从某种意义上来说，人工智能的发展将决定智能制造的发展[39, 40]。

## 4.4.2　新一代智能制造研究进展

### 4.4.1.1　国内研究进展

近年来，国内学术界基于HCPS对新一代智能制造的内涵和系统组成进行了探索性研究。中国工程院“新一代人工智能引领下的智能制造研究”课题组[15, 16, 41, 42]认为新一代智能制造是基于HCPS的大系统，主要由智能产品与装备[43]、智能生产[44-46]、智能新业态（如智能服务）[47]、工业互联网和智能制造云[48]等子系统集合而成，各个子系统都以自身先进技术为本，以HCPS作为理论基础，深度融合AI 2.0等技术。从HCPS视角看，国内相关研究进展主要包括“人机物”协同制造、社会制造、共融机器人、人机技能传递等方面。

1. “人机物”协同制造

在分析制造业信息化需求的基础上，姚锡凡等[49]融合云制造、制造物联和企业2.0等理念，将务联网、物联网、知识网和人际网集为一体，提出“人机物”协同的制造模式——智慧制造。人是制造系统智慧的主要来源，只有结合人的经验、知识和智慧才能实现真正的智慧制造。

2. 社会制造

王飞跃[50]认为通过社会计算，社会制造可以使传统的企业转变为能够主动感知并响应用户定制需求的智能企业。在社会制造的环境中，消费者与企业通过网络可以随时随地参加到生产流程中，从而有效地实现需求和供应之间的相互转化。江平宇等[51]认为社群化制造模式的驱动力包括三个方面，分别为小微化、服务化的制造业环境；共享经济与社群经济环境；新兴制造、信息、管理技术应用。社会制造模式能够解决制造业中大规模个性化的用户需求，以及多参与主体之间的复杂共享、协同与交互等问题，进而促进形成人人参与生产的制造业局面。

3. 共融机器人

丁汉[52]认为未来机器人有三个特征，机器人与环境的共融、机器人与人之间的协同、机器人与机器人之间的共融，进而自主适应复杂任务和动态环境，更加理解人类的需求和反应。共融机器人核心特征为柔顺灵巧，服从使用的指挥，能适应复杂环境；动态感知，具有多模式传感能力，能清晰认知广义的行为环境；自主协同，既有个体行为智能性，又有群体智能协作功能。

4. 人机技能传递

人机技能传递指人将操作技能传授给机械臂，从而使机器人具备类人化作业能力，达到高效示教编程的目的。相对于传统机器人编程，人机技能传递具有高效率、低成本、不依赖机器本体平台等显著优点，是人-信息-机器人融合系统（Human-Cyber-Robot-Systems, HCRS）中重要环节之一。曾超等[53]认为人-信息-机器人融合系统是HCPS在机器人领域中的具体应用实践，可以将人的优势（包括智慧性与灵巧性等）与机器人优势（包括高速率与高精度等）高效结合。

不过，尽管国内学者在HCPS视角下对智能制造开展了初步研究，但总体来看，相关概念和研究还处于起步阶段，相关应用也处于尝试探索阶段。

#### 4.4.1.2 国外研究动态

最近几年，国际上对HCPS语义下的智能制造展开了探索性研究，涵盖人-信息系统、人在回路的信息-物理系统（Human-in-the-Loop Cyber-Physical System，HitL-CPS）、以人为中心的智能制造系统、人机共生、未来工作和未来工人等多个领域。

1. 人-信息系统

Krugh[54]指出人是汽车制造业中的重要元素，但是目前大量熟练工人在工业4.0/CPS的实践中仅仅被指定为“数据接收器”。人-信息系统重视在汽车装配中完成大部分手工工作的工人，可使人类更安全、有效地完成工作，并支持手工操作任务的增强控制和质量监控。基于此，作者提出了HCS和CPS的一个统一框架，用于指导智能制造系统的实施。

2. 人在回路的信息-物理系统

Schirner等[55]和Nunes等[56]认为多数CPS系统中仍然将人定义为不可预测的元素，并只将人放在控制回路的外部，但为了使这些系统更好地满足人类需求，未来CPS将需要与人类建立更紧密的联系，通过人在回路的控制，将人的意图、心理状态、情绪、动作等考虑进来。Sowe等[57]研究了人在回路的HCPS与传统CPS的不同，并建立了人员服务能力描述模型，Munir等[58]指出了人在回路语义下CPS面临的挑战，需要全面掌握人在回路的控制的各种类型、导出人类行为模型的能力、如何将人类行为模型纳入以往的反馈控制方法中。Nunes等[56, 59]还讨论了HitL-CPS中人的不同作用和角色，以及人在回路的控制需要具备的条件，并分析了HitL-CPS具体的应用案例，指出其广阔前景。

3．以人为中心的智能制造系统[60-62]

Trentesuax等[62]展示了以技术为中心设计方法的局限性，指出目前智能制造系统对于人的有效融合缺乏关注，并忽略了人类解决某些复杂问题的能力，认为在智能制造系统的早期设计阶段需要定义好相关人员的角色；基于不同级别有关人员的能力和局限，提出了人与机器之间任务分配、人机合作的原则，并可以根据系统情况选择适当的自动化级别。Pacaux-Lemoine等[61]提出运用以人为本的方法来设计智能制造系统。在此基础上，设计了人工自组织系统进行实验，以及一个辅助系统以支持人工自组织系统和人类操作者之间的合作，实验用于评估该系统在改善HCPS性能方面的效用，初步结果显示该方法是有效的。

4．人机共生

Romero等[63, 64]在HCPS语义下提出了新一代操作工的概念并展望了其前景，认为其有助于实现社会化可持续制造和人机共生。同时，讨论了人机共生的基本概念和使能技术（包括增强现实/虚拟现实、智能个人助手、协作机器人、社交网络、大数据分析等）。Wang等[65]从共存、合作、互动和协作四个层面梳理了人机关系，并描述了各自的定义和特征。在此基础上，重点介绍了共生人机协作装配的主要技术、未来发展方向及挑战。

5．未来工作和未来工人

美国国家科学基金会（NSF）于2016年公布“十大创意研究”，“人机前沿未来工作”项目是其中之一[66]。FW-HTF项目的目标是为了应对新工业革命可能带来的风险，包括过度自动化造成失业、对教育资源的压力、对技术的过度依赖，以及对人类技能的侵蚀等，其愿景是了解并促进人-技术伙伴关系、推广新技术以增强人类绩效、了解新技术的风险和收益、通过新技术促进终身学习和泛在学习等。FW-HTF项目的特色是对未来人类工作、未来技术和未来的工人进行整合研究。

### 4.4.3 智能制造与其他系统的集成融合

HCPS语义下，智能制造是一个大系统，其内涵不断演化，可延伸到其他行业，包括智慧能源、智能交通、智慧医疗、智慧城市等，进而共同形成智能生态大系统——智能社会。

1. 智慧能源

美国能源部牵头成立了清洁能源智能制造创新中心，在其架构部署中能源互联网和智能制造系统已融为一体，并已经在电网和制氢等领域开展研究和应用[67]，站在能源互联网视角，智能制造既是其服务的对象，又是其前进的基础。施陈博等[68]基于CPS的概念阐述了能源互联网的技术体系与技术特征，围绕能源生产、传输和存储探讨了互联网与能源系统的融合，对基于CPS的能源互联网应用前景进行了研究；程乐峰等[69]认为在能源市场开放的大环境下，人的行为实质上深深地嵌入能源电力生产、输送、分配和消费的各个环节，能源调控方式与人类行为紧密耦合，因此，需要考虑市场与人的行为，从复杂系统理论出发构建HCPS，进而实现多智能群体知识自动化。

2. 智能交通

通过智能化技术在汽车研发设计、生产制造、物流、管理、服务等环节的深度应用，可以整体提升汽车产业链的水平。智能网联汽车是智能制造体系及产业价值链的核心环节，可有效地加强车辆、道路和使用者三者之间的联系，形成综合运输系统，即“人-车-路-云”，是智能交通系统的重要环节[70]。Xiong[71]等认为人的社会因素与CPS同等重要，并在此基础上提出信息物理社会系统的概念和架构，将其应用到智能交通系统中。GiL[72]基于HitL-CPS的理念分析了将人置于CPS回路的技术难点，并设计了一个概念架构来完成合适的“人的集成设计”方案，该架构在智能汽车中得到了验证。

3. 智慧医疗

智慧医疗源于“智慧地球”的概念，指以电子健康档案为基础，综合运用物联网、互联网、云计算、大数据等技术，构建医疗信息共享的交互平台，实现患者、医务人员、医疗机构和医疗设备等互动，智能匹配医疗行业的需求[73]，其本质是数字化、网络化、智能化的HCPS，其中智能制造技术对医疗设备设计、生产、远程运维、智能远程手术等方面具有重要作用。

4. 智慧城市

顾新建等[32]全面分析研究了智能制造与智慧城市的关系，剖析了智慧城市对智能制造的需求，研究了智能制造对智慧城市的重要作用和基本功能。

日本的超智能社会（社会5.0）[74]利用智能机器人和智能生产进行高效的社会服务，人们将与提升生活品质的机器人和AI共生。景轩和姚锡凡[75]提出社会信息物理生产系统的概念，研究了CPS的社会化特点，通过CPS将人类社会和智能体社会相融合，形成兼具人的模糊性和智能体的高效性的广义互联社会（智能社会）。

上述国内外研究进展表明，在AI 2.0等共性使能技术的引领下，新一代智能制造正在推动新一轮工业革命，重塑制造业的技术体系、生产模式及价值链，引发发展理念、制造模式、人机关系等发生重大而深刻的变革，促进制造业与其他智能产业协同创新、融合发展，最终实现人类社会生产力的整体跃升。

## 4.5　智能制造发展建议

HCPS给智能制造的研究发展和推广应用带来了难得的历史性机遇。在中国，不少企业和学者对智能制造的理解还停留在自动化、“机器换人”的层面，与智能制造有关的研究集中在CPS、云制造、数字孪生、大数据、物联网等方面[39, 76]，针对智能制造系统中人的因素的深入研究还较为缺乏；但与此同时，国际上对HCPS理论框架下智能制造的研究和应用高度重视，这给中国相关领域的研究与发展提出了挑战。鉴于HCPS的理论价值和应用价值，本节从人员、信息技术、制造基础、系统集成等方面提出智能制造发展的若干建议，以期为进一步践行HCPS理念、发展智能制造技术提供参考。

1. *人员方面*

智能制造发展的关键是人才队伍建设。在全球范围内，同时掌握人工智能技术和工业应用方面丰富知识的专家极度缺乏，而HCPS与智能制造的快速发展对这类人才的需求却快速增长。顶尖人工智能专业人士、工业工程师、高素质的技术工人将成为新一代智能制造生态系统的主力军。此外，在相当长一段时间内，机器很难完全取代人，智能制造的研究与应用不能将人完全排除在系统之外，智能制造亟须构建完整的以人为中心的HCPS科学与技术体系，并分析智能制造时代工人所需具备的素质和技能。建议加快针对各类智能制造高技术研发型人才和技术工人教育培训等方面提出具体措施，例如，实施智能制造高素质人才队伍建设、培养新时代智能制造技术工人等行动计划。

2. 信息技术方面

新一代信息技术的快速发展是推动智能制造发展的动力引擎。未来企业乃至行业的竞争将逐渐从物理系统转向信息系统，信息系统的核心技术和价值布局将决定企业、行业乃至国家是否具有真正的、可持续的竞争力。同时，计算系统的体系结构、系统软件、应用软件等面临着高效能、高可靠、低能耗、敏捷设计等多个挑战；电子设计自动化等工业核心软件、嵌入式工业软件，以及工业互联网系统软件等也面临多方面挑战。建议针对新一代信息系统技术的基础研究与应用提出相应的政策和促进措施。例如，实施工业智联网、服务型制造、大力振兴工业软件、新一代人工智能在制造业的推广应用等行动计划。

3. 制造基础方面

切削、铸造、焊接、3D打印等制造基础技术与传感器、轴承、齿轮、仪器仪表等关键部件是智能制造发展的根基。例如，工业机器人的核心零部件包括减速器、伺服电机和控制器，这些部件占机器人成本的70%左右，但国产工业机器人的这些核心零部件基本都依赖进口。建议针对制造基础与关键零部件等方面提出具体发展措施，促进智能关键零部件、元器件、智能材料等领域的创新能力。例如，实施智能制造、工业强基、高端装备制造、“智能一代”产品创新等行动计划。

4. 系统集成方面

“系统决定成败，集成者得天下。”智能制造发展的关键是智能制造系统集成技术和系统集成产业培育，包括与智慧能源、智能交通、智慧城市等系统的集成。同时，人与智能机器之间的集成融合和分工协作也非常重要。此外，完整的产业链、创新链、人才链、资金链等是保证智能制造系统健康发展的重要因素。建议针对智能制造系统集成产业制定政策，积极培育集成商，吸收借鉴世界范围内的先进理念、技术和系统集成经验，推动智能制造产业链、创新链、人才链、资金链等有机衔接和“多链融合”，同时加强人与智能机器集成融合方面的科学研究。例如，实施强化智能制造标准化、智能云平台、推动人机协同系统发展、推动智能制造产业链与创新链融合发展、构建智能制造生态体系等行动计划。

## 4.6 小结

本章在分析HCPS内涵与系统组成及新一代智能制造主要特征的基础上，从新一代人工智能、新一代智能制造、智能制造与其他系统的集成融合等方面分析了智能制造的研究进展。HCPS揭示了制造系统数字化、网络化、智能化发展的基本原理，同时指明了智能制造迈向新一代智能制造的发展趋势。在此基础上，从人员、信息技术、制造基础、系统集成等方面提出了促进智能制造发展的若干建议。人、信息系统、物理系统三者良性互动、协同创新、融合发展所形成的HCPS科学与技术体系有望成为理解智能制造演进过程、构建智能制造技术体系、推动新一代智能制造创新发展的基础与支撑，在产品设计、工艺设计、生产制造、组织管理、运维服务及系统集成等方面具有广阔的应用前景。

## 参考文献

[1] BRYNJOLFSSON E, MCAFEE A. The second machine age: Work, progress, and prosperity in a time of brilliant technologies[M]. New York, USA: WW Norton & Company, 2014.

[2] EVANS P, ANNUNZIATA M. Industrial internet: pushing the boundaries of minds and machines[EB/OL]. [2019-12-15]. https://www.ge.com/docs/chapters/Industrial_Internet.pdf.

[3] H. KAGERMANN H, HELBIG J, HELLINGER A, et al. Recommendations for implementing the strategic initiative INDUSTRIE 4.0: Securing the future of German manufacturing industry; final report of the Industrie 4.0 Working Group[EB/OL]. [2019-12-15]. https://www.din.de/blob/76902/e8cac883f42bf28536e7e8165993f1fd/recommendations-for-implementing-industry-4-0-data.pdf.

[4] TAKI H. towards Technological innovation of society 5.0[J]. Journal of the Institute of Electrical Engineers of Japan, 2017, 137(5): 275-275.

[5] 周济. 智能制造——“中国制造2025”的主攻方向[J]. 中国机械工程，

2015, 26(17): 2273-2284.

[6] 国务院. 国务院印发新一代人工智能发展规划的通知. [EB/OL]. (2017-07-20) [2019-12-15]. http://www.gov.cn/zhengce/content/2017-07/20/content_5211996.htm.

[7] ZHOU J, ZHOU Y H, WANG B C, et al. Human–Cyber–Physical Systems (HCPSs) in the context of new-generation intelligent manufacturing[J]. Engineering, 2019, 5(4): 624-636.

[8] 胡虎，赵敏，宁振波，等. 三体智能革命[M]. 北京，机械工业出版社，2016.

[9] NSF. Cyber-Human Systems (CHS) [EB/OL]. [2019-12-15]. https://www.nsf.gov/funding/pgm_summ.jsp?pims_id=504958.

[10] TSIEN H S. Engineering cybernetics[M]. New York, USA: McGraw-Hill Book Co. Inc., 1954.

[11] WIENER N. Cybernetics or control and communication in the animal and the machinc[M]. Cambridge, MA, USA: MIT press, 1961.

[12] FITZGERALD J, LARSEN P G, VERHOEF M. From embedded to cyber-physical systems: Challenges and future directions[M]//Collaborative design for embedded systems. Springer, Berlin, Heidelberg, 2014: 293-303.

[13] SCHATA B, TORNGREN M, PASSERONE R, et al. CyPhERS-Cyber-Physical european roadmap & strategy -- research agenda and recommendations for action. [EB/OL]. [2019-12-15].http://www.cyphers.eu/.

[14] LEE J, BAGHERI B., KAO H A. A Cyber-Physical systems architecture for Industry 4.0-based manufacturing systems[J]. Manufacturing Letters, 2015, 3: 18-23.

[15] 中国标准化研究院. 信息物理系统白皮书（2017）. [EB/OL]. (2017-03-01) [2019-12-15]. http://www.cesi.ac.cn/201703/2251.htm.

[16] ZHOU J, LI P G, ZHOU Y H, et al. Toward new-Generation intelligent manufacturing[J]. Engineering, 2018, 4(1):11-20.

[17] KUSIAK A. Intelligent manufacturing systems[M]. Old Tappan, New Jersey, USA: Prentice Hall Press, 1990.

[18] 杨叔子，丁洪. 智能制造技术与智能制造系统的发展与研究[J]. 中国机械

工程，1992, 3(2): 15-18.
[19] 范玉顺. 网络化制造的内涵与关键技术问题[J]. 计算机集成制造系统，2003, 9(3): 576-582.
[20] 徐泉，王良勇，刘长鑫. 工业云应用与技术综述[J]. 计算机集成制造系统，2018, 24(08): 1887-1901.
[21] 陶飞，刘蔚然，张萌，等. 数字孪生五维模型及十大领域应用[J]. 计算机集成制造系统，2019, 25(01): 1-18.
[22] 王万良，张兆娟，高楠，等. 基于人工智能技术的大数据分析方法研究进展[J]. 计算机集成制造系统，2019, 25(03): 529-547.
[23] 王旭亮，柴旭东，张程，等. 云制造环境下跨企业协同生产调度算法[J]. 计算机集成制造系统，2019, 25(02): 412-420.
[24] 周龙飞，张霖，刘永奎. 云制造调度问题研究综述[J]. 计算机集成制造系统，2017, 23(06): 1147-1166.
[25] 陶飞，张萌，程江峰，等. 数字孪生车间——一种未来车间运行新模式[J]. 计算机集成制造系统，2017, 23(01): 1-9.
[26] PAN Y H. Heading toward artificial intelligence 2.0[J]. Engineering, 2016, 2(4): 409-413.
[27] LI W, WU W J, WANG H M, et al. Crowd intelligence in AI 2.0 era[J]. Frontiers of Information Technology & Electronic Engineering, 2017, 18(1): 15-43.
[28] ZHUANG Y T, WU F, CHEN C, et al. Challenges and opportunities: from big data to knowledge in AI 2.0[J]. Frontiers of Information Technology & Electronic Engineering, 2017, 18(1): 3-14.
[29] ZHENG N N, LIU Z Y, REN P J, et al. Hybrid-augmented intelligence: collaboration and cognition[J]. Frontiers of Information Technology & Electronic Engineering, 2017, 18(1): 153-179.
[30] 刘全，翟建伟，章宗长，等. 深度强化学习综述[J]. 计算机学报，2018, 41(01): 1-27.
[31] 周佳军，姚锡凡，刘敏，等. 几种新兴智能制造模式研究评述[J]. 计算机集成制造系统，2017, 23(03): 624-639.
[32] 顾新建，代风，陈芨熙，等. 智慧制造与智慧城市的关系研究[J]. 计算机

集成制造系统，2013,19(05):1127-1133.

[33] 魏麒. 我国共享制造模式发展的驱动力研究[J]. 管理观察，2019, 3(7): 9-13.

[34] STOCK T, SELIGER G. Opportunities of sustainable manufacturing in industry 4.0[J]. Procedia Cirp, 2016, 40: 536-541.

[35] YAO X F, JIN H, ZHANG J. Towards a wisdom manufacturing vision[J]. International Journal of Computer Integrated Manufacturing, 2014, 28(12): 1291-1312.

[36] WANG L H. From intelligence science to intelligent manufacturing[J]. Engineering, 2019, 5(4): 615-618.

[37] PENG Y X, ZHU W W, ZHAO Y, et al. Cross-media analysis and reasoning: advances and directions[J]. Frontiers of Information Technology & Electronic Engineering, 2017, 18(1): 44-57.

[38] ZHU J, HUANG T J, CHEN W G, et al. The future of artificial intelligence in China[J]. Communications of the ACM, 2018, 61(11): 44-45.

[39] 姚锡凡，刘敏，张剑铭，等. 人工智能视角下的智能制造前世今生与未来[J]. 计算机集成制造系统，2019, 25(01): 19-34.

[40] LI B H, HOU B C, YU W T, et al. Applications of artificial intelligence in intelligent manufacturing: a review[J]. Frontiers of Information Technology & Electronic Engineering, 2017, 18(1): 86-96.

[41] 王柏村，臧冀原，屈贤明，等. 基于人-信息-物理系统（HCPS）的新一代智能制造研究[J]. 中国工程科学，2018, 20(04):29-34.

[42] 李伯虎，柴旭东，张霖，等. 新一代人工智能技术引领下加快发展智能制造技术、产业与应用[J]. 中国工程科学，2018, 20(04): 73-78.

[43] 谭建荣，刘振宇，徐敬华. 新一代人工智能引领下的智能产品与装备[J]. 中国工程科学，2018, 20(04): 35-43.

[44] 卢秉恒，邵新宇，张俊，等. 离散型制造智能工厂发展战略[J]. 中国工程科学，2018, 20(04): 44-50.

[45] 柴天佑，丁进良. 流程工业智能优化制造[J]. 中国工程科学，2018, 20(04): 51-58.

[46] 袁小锋，桂卫华，陈晓方，等. 人工智能助力有色金属工业转型升级[J].

中国工程科学，2018, 20(04): 59-65.

[47] 陶飞，戚庆林. 面向服务的智能制造[J]. 机械工程学报，2018, 54(16): 11-23.

[48] 余晓晖，张恒升，彭炎，等. 工业互联网网络连接架构和发展趋势[J]. 中国工程科学，2018, 20(04):7 9-84.

[49] 姚锡凡，练肇通，杨屹，等. 智慧制造——面向未来互联网的人机物协同制造新模式[J]. 计算机集成制造系统，2014, 20(06): 1490-1498.

[50] 王飞跃. 从社会计算到社会制造：一场即将来临的产业革命[J]. 中国科学院院刊，2012, 27(06): 658-669.

[51] 江平宇，丁凯，冷杰武. 社群化制造：驱动力、研究现状与趋势[J]. 工业工程，2016, 19(01): 1-9.

[52] 丁汉. 共融机器人的基础理论和关键技术[J]. 机器人产业，2016(06): 12-17.

[53] 曾超，杨辰光，李强，等. 人-机器人技能传递研究进展[J]. 自动化学报，2019,45(10):1813-1828.

[54] KRUGH M, MEARS L. A complementary cyber-human systems framework for Industry 4.0 cyber-physical systems[J]. Manufacturing Letters, 2018, 15: 89-92.

[55] SCHIRNER G, ERDOGMUS D, CHOWDHURY K, et al. The future of human-in-the-loop cyber-physical systems[J]. Computer, 2013, 46(1): 36-45.

[56] NUNES D S, ZHANG P, SILVA J S. A survey on human-in-the-loop applications towards an internet of all[J]. IEEE Communications Surveys & Tutorials, 2015, 17(2): 944-965.

[57] SOWE S K, ZETTSU K, SIMMON E, et al. Cyber-physical human systems: putting people in the loop[J]. IT Professional. 2016, 18(1): 10-13.

[58] MUNIR S, STANKOVIC J A, LIANG M, et al. Cyber physical system challenges for human-in-the-loop control[C]//8th International Workshop on Feedback Computing. San Jose, CA, USA: USENIX, 2013.

[59] NUNES D, SILVA J S, BOAVIDA F. A practical introduction to human-in-the-loop Cyber-physical Systems[M]. Hoboken, NJ, USA: John Wiley & Sons, Inc., 2018.

[60] PERUZZINI M, PELLICCIARI M. A framework to design a human-centred adaptive manufacturing system for aging workers[J]. Advanced Engineering Informatics, 2017, 33: 330-349.

[61] PACAUX-LEMOINE M P, TRENTESAUX D, REY G Z, et al. Designing intelligent manufacturing systems through human-machine cooperation principles: A human-centered approach[J]. Computers & Industrial Engineering, 2017, 111: 581-595.

[62] TRENTESUAX D, MILLOT P. A human-centred design to break the myth of the “Magic Human” in intelligent manufacturing systems[M]//Service orientation in holonic and multi-agent manufacturing. Berlin, Germany: Springer, 2016: 103-113.

[63] ROMERO D, STAHRE J, WUEST T, et al. Towards an operator 4.0 typology: a human-centric perspective on the fourth industrial revolution technologies[C]// Proceeding of International conference on computers & industrial engineering(CIE46). Tianjin, China. International Scientific Committees, 2016: 1-11.

[64] ROMERO D, BERNUS P, NORAN O, et al. The operator 4.0: human cyber-physical systems & adaptive automation towards human-automation symbiosis work systems[C]//Proceeding of IFIP International Conference on Advances in Production Management Systems. Cham, Switzerland: Springer, 2016: 677-686.

[65] WANG L, GAO R, VANCZA J, et al. Symbiotic human-robot collaborative assembly[J]. CIRP annals, 2019, 68(2): 701-726.

[66] NSF. Future of work at the human-technology frontier: Core research(FW-HTF)[EB/OL]. [2019-12-15]. https://www.nsf.gov/pubs/2020/nsf20515/nsf20515.htm.

[67] EDGAR T F, PISTIKOPOULOS E N. Smart manufacturing and energy systems[J]. Computers & Chemical Engineering, 2018, 114: 130-144.

[68] 施陈博，苗权，陈启鑫. 基于CPS的能源互联网关键技术与应用[J]. 清华大学学报（自然科学版），2016, 56(09): 930-936.

[69] 程乐峰，余涛，张孝顺，等. 信息－物理－社会融合的智慧能源调度机器

人及其知识自动化：框架、技术与挑战[J]. 中国电机工程学报，2018, 38(01): 25-40.

[70] 边明远，李克强. 以智能网联汽车为载体的汽车强国战略顶层设计[J]. 中国工程科学，2018,20(01):52-58.

[71] XIONG G, ZHU F H, LIU X W, et al. Cyber-physical-social system in intelligent transportation[J]. IEEE/CAA Journal of Automatica Sinica. 2015, 2(3): 320-333.

[72] GIL M, ALBERT M, FONS J, et al. Designing human-in-the-loop autonomous cyber-physical systems[J]. International Journal of Human-Computer Studies, 2019, 130: 21-39.

[73] 项高悦，曾智，沈永健. 我国智慧医疗建设的现状及发展趋势探究[J]. 中国全科医学，2016, 19(24): 2998-3000.

[74] SHIROISHI Y, UCHIYAMA K, SUZUKI N. Society 5.0: For human security and well-being[J]. Computer, 2018, 51(7): 91-95.

[75] 景轩，姚锡凡. 走向社会信息物理生产系统[J]. 自动化学报，2019, 45(04): 637-656.

[76] 刘强. 智能制造理论体系架构研究[J]. 中国机械工程，2020, 31(01): 24-36.

# 第5章 数字孪生驱动的智能人机协作①

## 5.1 引言

人-信息-物理系统通过协调物理设备、计算资源与人的主观能动性，增强系统间的智能互联性，促进系统协作和组织集成，加速现代工业数字化、网络化和智能化转型[1-2]。HCPS强调人、信息系统和物理系统三者相辅相成、密不可分的关系。人是工业系统中的关键角色和资源，随着新兴使能技术的蓬勃发展，HCPS为工业生产中人和机器交互协作、共融发展提供理论参考[3-4]。

工业生产系统的转型面临诸多挑战，如生产规模的扩张，设备技术接受度的提升，产品、流程和系统复杂度的增加，个性化服务的定制等。与此同时，日益老龄化、多样化的劳动力结构对工业系统的管理和开发提出了更高的要求[4]。人是HCPS中的关键角色，同时也是智能制造的最终服务对象，人本智造是未来智能制造发展的重要方向，安全可信的人机交互是实现人本智造的基础[6-7]。近期，数字孪生的迅速发展为人机协作提供了新的机遇。传统工业生产制造中，数字孪生系统的研究对象主要是机械物理系统，其通过在信息空间中构建物理实体的虚拟模型，运用实时更新数据和历史状态数据，模拟物理实体在真实空间中的行为，用于监控、诊断、预测和控制物理实体在真实环境中的工作过程和状态[8-10]。在智能人机协作中，人是中心，传统的面向机械物理系统的数字孪生系统无法支撑智能人机协作的应用。因此，以人为本的数字孪生系统应运而生[11]，该系统旨在以人为核心，激发人类的潜

① 本章作者为杨赓、周慧颖、王柏村，发表于《机械工程学报》2022年第18期，收录本书时有所修改。

能，提升人类的技能，实现人机协作的融合发展，通过在物理世界和信息世界中映射出人和机的孪生对象，监管、预测人机数字模型，积累学习人机的技能知识、经验教训和交互特征等，协调构建决策和创新机制，融合人的灵活性、适应性，以及机器的高效性、准确性等各自优势，推动人机关系质的飞跃和发展。

基于HCPS理论，数字孪生驱动的智能人机协作可在信息空间和物理空间中构建以人为本的数字孪生系统，将人机静态交互转变为团队结构中共享对象的灵活协作，有望推动人机协作范式的演变，促进人机协作可持续发展。因此，本章将着重分析数字孪生驱动的智能人机协作的演进与发展，数字孪生驱动的智能人机协作框架及其共性使能技术，并以数字孪生驱动的智能人机协作的典型应用为例加以讨论。

## 5.2 人机关系的演变与发展

### 5.2.1 人机关系的演变

人和机器是HCPS重要组成部分，随着各种使能技术的不断发展和迭代，人机关系一直处于快速演变的过程中，智能人机协作有望成为人机关系发展的重要方向。人机关系的复杂性取决于人、机在系统中的参与度[12]。根据工作目标、工作空间、工作时间等参数对人机关系的演变过程进行划分，依次为人机共存，人机交互，人机合作和人机协作[13]（见图5-1）。

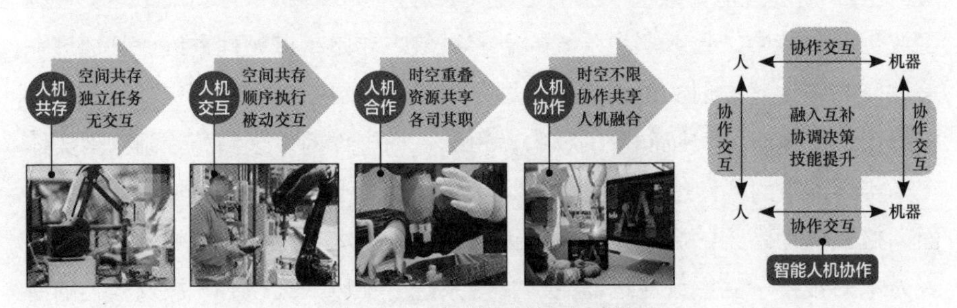


图5-1 人机关系的演变过程

1. 人机共存

从第一次工业革命迭代至第四次工业革命，人机共存是工业生产关系的基础，同处于一个物理空间中的人和机器是两个独立的个体，拥有各自单独的工作任务，共存关系中人和机器没有相互的接触，可以并行执行各自的工作流程，传统工业生产中，机器在指定的工作区中负责体力型和重复型工作，在时间和空间上与人类操作者互不干扰[14-15]。

2. 人机交互

工业革命的发展推动人机关系的前进，人与机器的距离进一步缩小，位于同一物理空间下的二者共享工作空间，但工作时间相互独立，按照指定的顺序完成各自的任务[13]。在结构化的工作场景下，人和机器根据指定的操作流程，分别承担工作中的部分任务，其中，特定的工作任务只能匹配特定的机器控制，机器无法自主适应工作环境的动态变化[15]。人机交互中人类承担所有的控制和决策，机器作为被动的辅助者，承担指定的工作任务，为人类提供必要的资源[16]。

3. 人机合作

机器的角色逐渐转变为合作者，与人类具有共同的工作目标，共享已有的物理资源、数据信息，但各自只负责执行计划内的本职工作，不共享各自的工作目标和操作意图[17]。由于人机执行任务期间存在空间和时间上的重叠，因此如何确保人类操作者和机器间的安全交互是人机合作的研究重点[18]。

4. 人机协作

传统的人机关系要求人和机器处于共存的近距离空间中，无法满足空间探索、危险救援等场景对人机空间分离的要求。人机协作中人和机器可通过直接接触和间接接触共享操作意图和行为，共同协调系统内的资源与信息，共同承担系统的决策与控制，动态调整优化任务的执行过程[13]。遥操作机器人系统结合人和机器各自的优势，运用工效学、认知工程和机器学等理论，激发人类操作者创造性潜能，远程遥控操作机器人，是人机协作的典型范例[12,19]。

上述四种范式是从理论上对人机关系进行定义和划分的。在实际应用中，人机关系常处于多种范式共存的状态，不同场景中各种范式的比重也有所区别。

### 5.2.2 人机关系的发展

近年来，HCPS理论渗透到不同的领域和场景中，重构了传统的系统布局。智能人机协作不仅是人和机器之间关系的反映，更是HCPS的具体应用，不同的研究学者有不同的定义和理解。

Hentout等[14]将人和机器之间所有的交互形式统称为人机交互。人机协作作为人机交互中的一种，可以通过人和机器之间的物理接触或非接触式协作，执行复杂任务，其中人负责执行灵巧性和决策性的任务，机器负责执行不适合人直接参与的工作，如精准操作等。Kolbeinsson等[15]认为在人机协作中，人和机器之间建立高度的信任关系，明确各自的职责划分，可以感知彼此的操作目的和行为，动态协调配合对方的操作，以完成指定的工作任务。Haddadin等[16]强调机器在人机协作中的主动地位，其不再是被动的辅助者。同样的，Haesevoets等[19]认为在人机协作中，人与机器之间建立合作伙伴关系，两者对整体系统都拥有决策控制权，机器不仅仅只是任务的执行者，而是具有一定程度的自主权，突出了机器在人机协作中角色的转变。Michalos等[20]指出人机协作将人和机器的优势结合，根据空间、时间和机器状态等参数对人机协作进行划分，包括机器主动的共享工作任务和空间、机器被动的共享工作任务和空间、基于共同工作空间的共同工作任务、基于分离工作空间的共同工作任务等。国际标准化组织[21]将“协作操作”定义为专用的机器人系统和操作者在协作空间内执行操作任务的状态，从控制、功率等方面规范人机协作的安全性。关于人机协作的部分定义如表5-1所示。

表5-1　关于人机协作的部分定义

| 文　献 | 定　义 |
| --- | --- |
| Hentout等[14] | 人和机器通过物理接触或非接触式协作，执行复杂任务 |
| Kolbeinsson等[15] | 人和机器根据对彼此操作目的和行为的感知，互相动态协调配合工作 |
| Haddadin等[16] | 人与机器以直接物理接触或间接接触，共同执行目标，共享控制对象 |
| Haesevoets等[19] | 人与机器之间建立合作伙伴关系，均具有系统的控制决策权 |
| MIchalos等[20] | 人和机器各自优势的结合 |
| 国际标准化组织[21] | 专用的机器系统和操作者在协作空间内执行操作任务，符合协作安全要求 |

在HCPS语义下，人机协作具有数字化、网络化和智能化的特点，旨在基

于智能化设备和智能算法，融合互补人类和机器的智能和技能。人和机器通过直接接触或者间接交互的方式，共享、协调、分配、使用物理空间和信息空间的资源和信息，基于以人为本的原则共同享有对系统的控制决策权，执行系统规划，共同提升技能，实现工作目标。人和机器作为HCPS中的两大重要资源，运用通信与计算等技术，构建人和物理实体的数字孪生，通过人机协作增强人和物理实体在物理世界交互的灵活性和适应性，提高系统的鲁棒性和稳健性，促进构建HCPS，推动可持续发展。

## 5.3　数字孪生驱动的智能人机协作框架

为应对工业转型的挑战和劳动力结构的变化，工业制造系统范式需要转变为以人为本的HCPS体系。现有的许多典型应用没有在系统的生命周期过程中充分考虑人的各种因素，缺乏对人在协作中的思维方式、偏好需求等方面的研究，不具备实现人机物理交互和认知理解、角色变换和任务管理的关键技术和应用分析的能力，如何在人和机器之间合理分配功能，发挥人的主观能动性，提供动态自适应、安全有效的人机交互，是人机协作的关键挑战[9]。人和机器作为协作团队中的成员，需要构建可信的人机协作机制，即人与机器间相互信任的关系，现有研究多为人对机器的单向信任研究，缺乏实现可信协作的系统工程方法。服务是人机协作的目标，但不是根本日的，人和机器如何通过学习不断提升各自的技能和能力，实现可持续发展是智能协作的愿景。目前的研究倾向于人和机器各自独立学习训练，缺少人机相互学习，共同创新的探索研究，个人能力和行为决策往往受限于传统结构和系统中人机交互的方式[9]。

数字孪生驱动的智能人机协作以数字孪生为核心，共享资源和信息，提供决策和服务。运用智能化设备采集人和机器的各类数据，通过数字孪生系统组织、整合和提炼数据，匹配刻画人机数字模型，并在数字孪生系统中融合智能算法，构建决策服务模型，基于人和机器的反馈提供动态自适应的解决方案，并不断迭代和完善，形成数字孪生驱动的闭环机制。人机协作的本质是以人为本，服务于人，数字孪生驱动的智能人机协作将视角转变为关注提升人的技能，创造高附加值的工作，机器除完成低附加值工作和常规性认知工作外，还需要与人类协作交互，突破单一创新和单一工作的瓶颈，实现人机交互学习，构建具有灵活性、适应性和创新性的人机协作关系，提高各自相关的技能和能力，促进可持续发展。数字孪生驱动的智能人机协作框架由四个部分组成，即人机物理实体、人机数字模型、连接与交互、智能协作决策服务。

## 5.3.1 人机物理实体

人机物理实体由物理世界中的人和机器构成，是数字孪生驱动的智能人机协作框架的基础。在人机协作中，人扮演着操作者、监督者、决策者和被服务者等多重角色，但现有的人机协作系统缺少对人的关注[3]。数字孪生驱动的智能人机协作框架将人视为框架的核心，采集物理世界中人的生理行为、心理状态和物理交互等数据。机器是HCPS中物理实体的一部分，是人机协作的参与者与执行者，包括基本零部件、单元设备和集成系统等多个部分，其几何、物理、行为等属性是影响人机协作的重要因素[22]。同时，人机协作的环境也是人机物理实体的重要组成部分，动态跟踪和监测环境的变化，有助于全面分析预测人机交互行为[13]。

## 5.3.2 人机数字模型

人机数字模型主要包括孪生模型和孪生数据，在信息空间中构建人、机器、环境对应的机理模型，结合基本的机理和规则，将从真实物理空间中获取的人、机器、环境的历史数据和实时更新数据加以分析处理，再映射至人机数字模型上，实现信息空间中的虚实映射、动态更新、场景复现、决策指导等功能[8]。针对不同的人机协作的应用场景，孪生模型需要选择和集成建模的工具和平台，构建和开放模型更新和交互的接口，确定人机数字模型的构成和呈现形式。孪生数据是驱动数字模型的血液，数据的采集、传输、处理和应用等贯穿数字模型的全周期。人的数字模型即人的数字孪生，一方面可以实现对操作者的生理和心理状态的实时监测、预测、人体工效学评估和预警[22]，另一方面可以对人类的技能知识、经验教训和交互特征进行积累和解释分析，用于构建人机协作决策创新机制[9]。机的数字模型，即机器和环境的数字孪生，既可以实现机器状态的监测评估和预测维护，也能够基于协作反馈，动态仿真机器的控制交互策略，认知和理解机器的技能知识、经验教训和交互特征，为构建人机协作决策创新机制提供支撑。

### 5.3.3　连接与交互

连接与交互是协作系统的中间件，旨在实现数字孪生驱动的智能人机协作框架各组成部分的连通，结合各组成部分的交互要求和数据特性，使用规范的数据协议，搭建匹配的数据接口，将物理空间中的真实数据传输至信息空间中，实现对数字模型的更新优化[8]。同时，由信息空间产生的仿真结果、分析决策、指令控制等传输至物理空间，用于指导控制人机协作的过程。为适应多变的人机协作场景和要求，应设计具有“弹性”的数据协议和数据接口，实现从“开环”到“闭环”，从“单向”到“多向”，从“小环”到“大环”的设计范式转变[13]。

### 5.3.4　智能协作决策服务

智能协作决策服务是数字孪生驱动的智能人机协作框架中的关键。如何结合人和机器的智能和技能，提供最优的人机协作规划和决策，协作完成目标工作任务，实现人机协作可持续发展是智能人机协作中的复杂问题[13]。智能协作决策服务是对物理实体和数字模型交互过程中的各类数据、算法、仿真和反馈的封装，旨在满足不同应用领域和不同用户的人机协作需求，执行人机协作系统管理，全周期地提供交互服务[8]。数字孪生驱动的智能人机协作框架中可构建任务驱动型智能算法网络平台，维护人机可信协作关系，将人机协作任务归纳划分为不同的任务类型，生成人机协作的优化方案和算法网络，基于物理实体和数字模型促进人机相互学习，平衡人类和机器在管理系统中的权重，创建人机决策创新机制，补偿性能瓶颈，优化迭代具有灵活性、适应性和创新性的协作方案[9]。

## 5.4 智能人机协作的共性使能技术

人机协作需要在指定的时间和空间内，协同操作目标对象，成功的关键在于协作系统具有符合人体工效学的设计规划、高效动态的人机协调、灵活安全的控制操作和可持续迭代优化的实施方案等，各项共性使能技术共同推动人机协作在工业中的应用和部署，主要涉及传感与集成、计算与分析、控制与执行等方向，智能人机协作框架与共性使能技术如图5-2所示。

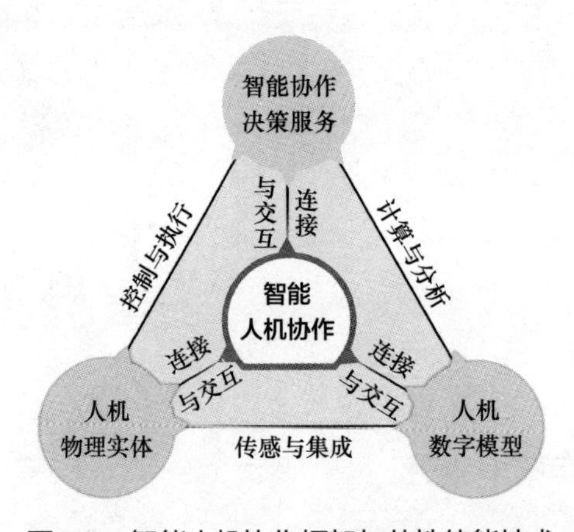


图5-2 智能人机协作框架与共性使能技术

### 5.4.1 传感与集成

传感是数字孪生驱动的智能人机协作框架的基石，利用各类传感器件，从人、机器和工作环境中采集各类感知数据，驱动数字模型的构建，量化分析物理实体的属性状态。在人机协作框架中，传感数据的来源主要包括两类，即人和物理系统。

随着各类传感技术的发展，现有的智能传感器能够实现人类的生理和心理监测，朝着小型化、低功耗、舒适化、智能化的趋势发展。人体动作捕捉技术是采用各类传感设备跟踪、测量和记录人体运动姿态数据，用于提取、分析运动状态，主要包括光学式动作捕捉系统、图像式动作捕捉系统、电磁式动作捕捉系统、声学式动作捕捉系统和惯性传感动作捕捉系统等。惯性动作捕捉设备如图5-3所示。图像式动作捕捉系统是人机协作装配应用中常见的方法[23]，利用人体动作捕捉设备，采集分析人类在协作中的运动数据，用于评估与运动姿态相关的人体工效学指标[24-25]，基于视觉辅助的装配流程如图 5-4 所示。由于人机协作场景和任务的限制，生理参数主要采用穿戴式生理监测技术。针对心电、呼吸、体温、脉率、血压和血氧饱和度等基本生理参数，设计低功率检测电路，实现单生理参数[26]或者多生理参数[27]检测，提供丰富的生命体征数据，并基于生理状态监测辨识人体心理健康状态。

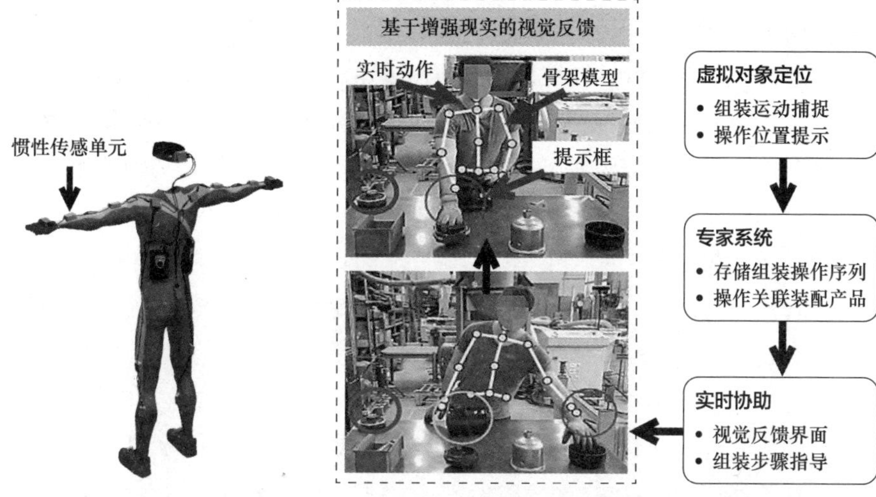


图 5-3　惯性动作捕捉设备[24]　　　图 5-4　基于视觉辅助的装配流程[25]

在人机协作中，常在机器和工作环境中布置多种传感器，获取物理实体和人机交互过程中的数据。机器状态数据主要包括两类，即固有属性参数（扭矩、速度等）和协作交互参数（接触力、接触距离等）。机器的数字孪生模型需要对机器关键参数表征，通过内置传感器直接采集机器真实状态数据，调整数字模型参数[28]，或者间接测量关节扭矩、切削力等过程参数，监测机器在生产中的异常情况[29]。人机协作场景是数字模型中的重要组成部分，在工业生产中常用二维视觉系统捕获工作现场信息，反映人机交互过程[18]。近年来，三维场景重建成为研究应用的热点，三维重建扫描仪通过创建物体几何表面点云信息，插补组成物体表面形状，在重建的表面上粘贴材质贴图，为重建拟合真实场景的三维虚拟场景提供数据源[30]。

智能人机协作需要在人和机器之间构建信息通道，因此，人体生物信息、机器状态信息、多源环境信息和人机交互信息的感知和集成是协同研究的基础。集成创新传感器件的原理和结构、多源感知采集人机协同信息、构建信息智能融合认知机制对协同研究具有重要意义。

### 5.4.2 计算与分析

传感是数据之源，计算和分析是数据之魂。数字孪生驱动的智能人机协作框架对人、机器，以及协作交互数据的计算分析主要包括两个方面，即人机数字模型的构建和协作决策服务的实现。

信息世界对物理世界的重构和复现通过建模仿真技术实现。人机数字模型的构建指定义和提取物理实体（人、机器和环境）的几何、物理、行为、规则等关键特征，依据机理、规律、已有知识和经验抽象为物理世界的物理模型，跨越时间维度复现和镜像为信息世界的数字模型。验证和仿真是人机模型应用的前提，通过检查模型和算法来验证物理模型和数字模型的可信度，仿真推演物理实体的特征状态。人体数字孪生模型主要反映生理健康和运动状态数据（见图5-5），通过健康物联网持续采集人体生理数据，回溯监测健康状态，赋予数字模型生理表征[31]，应用人体姿态识别算法重构人体运动姿态，构建人体运动数字孪生模型[32]。机器多为复杂几何结构、复杂材料体系、复杂部件组成的系统，机器数字孪生模型需要对系统的不同尺度进行分析，使用激光扫描设备和高精度间接测量设备，整合获取零部件点云数据，采用逆向建模技术，将理论模型与真实物理数据结合，构建整机数字孪生模型[33]。从单一生产系统建模拓展至生产工厂建模，需要采用通用的建模框架，交换集成工程数据[34]。基于多尺度建模和分析的基础，机器的仿真分析需要从单元级、系统级逐级展开，数字模型的仿真需要在建模的基础上添加实际约束，针对机器的物理约束、运动学约束、动力学约束等，形成基于功能性接口的联合仿真架构[35]。

计算和分析是实现协作决策服务的基础，根据人机协作的需求，人机数据和模型被封装至单元级和系统级的交互服务中，在设计、开发、调试、运营和维护人机协作框架的生命周期中分配资源，解决问题，其中涉及多种共性使能技术。

人工智能技术旨在模仿人类智能创建机器智能，从分析、控制、预测等方面全周期性的服务人机交互。为保持数字模型与物理实体状态感知、控制策略和交互的一致性，协作系统需要结合人工智能技术，应用实体生命周期内的状态数据，准确评估预期的运行状态，生成匹配的决策策略，映射至数字模型[36]，完成实际应用前的数字孪生模型的验证和测试[37]，基于反馈结果，优化算法，迭代演化数字孪生系统中的决策模型，提高数据决策的有效性和高效性。扩展现实技术（Extended Reality，XR）指结合真实环境和虚拟环境的人机交互设备，包括虚拟现实技术，增强现实技术和混合现实技术。扩展现实技术通过创建沉浸式的工业场景为操作者提供可视化测试验证界面，满足运行过程预演[30]、实际操作、监测[38]等需求，沉浸式工业场景如图5-6所示。HCPS为数据通信处理技术提供集成应用的平台，采用云计算和云存储备份数字孪生的虚拟模型，利用云边协同实现原有虚拟模型与物理实体的交互反馈，并基于物理实体的实时运行数据动态演化和更新备份模型，确保数字孪生系统的动态演化和稳定运行。此外，运用5G网络加速数据传输，构建数字孪生模型[39]；针对数字孪生中数据存储、数据访问、数据共享和数据真实性的问题，应用基于区域链的产品数据管理方法，提高数据共享效率[40]。

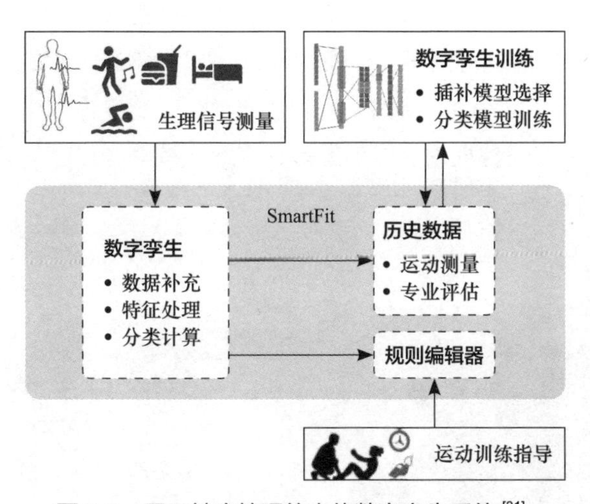


图5-5　用于健康管理的人体数字孪生系统[31]

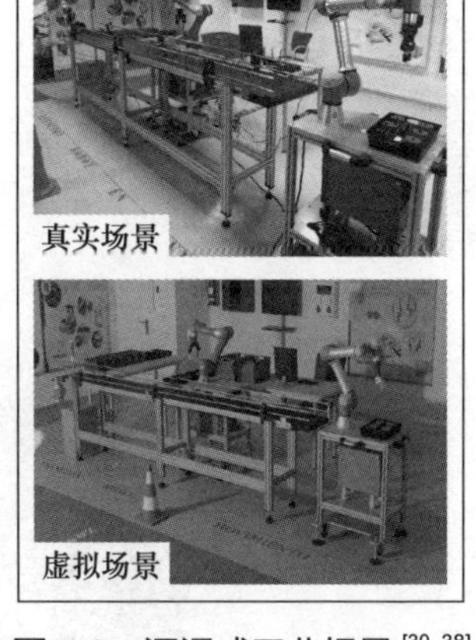


图5-6　沉浸式工业场景[30, 38]

计算与分析是实现人和机器智能融合的根本途径，现有人机虚拟模型存在刻画维度浅、描述不完整等问题。如何构建动态多维、多时空尺度、高保真和实时可控的人机模型，是真实客观刻画物理世界的关键问题。协作决策服务是智能人机协作的目的，因此在交互服务中深度融合共性使能技术，挖掘应用全要素、全流程、全业务数据，提供智能化、人性化、个性化、多元化的决策服务，是智能协作和决策服务的关键[8]。

### 5.4.3 控制与执行

机器是人机协作团队中的执行体和决策体，机器本体结构和控制操作的研究是两大主要方向，近年来，机器人技术在本体结构和控制操作上的创新推动了人机协作应用的研究。

秉承以人为本的理念，机器人在人机协作系统中的角色从辅助型转变为增强型，促进发挥人的主观能动性。外骨骼机器人是以人为核心的人机耦合系统，相较于传统机器结构，其集人类操作者的高水平任务规划、灵活性与机器的可重复性、高精度、高负载能力为一体[41]，将外骨骼技术（见图5-7）与数字孪生耦合，结合运动学、生物力学和人因工程等理论构建人机混合模型，是人机协作系统的解决方案之一[42]。遥操作机器人系统由人类操作者远程控制机器人完成目标任务，上层规划和认知决策主要由人类下达。遥操作机器人广泛应用于极端环境探索、反恐排爆等领域。在核废料处理任务中，人类操作者通过语音或者交互界面远程发布指令操作机械手[143]。将遥操作机器人技术与数字孪生结合，运用工效学、认知工程和机器学等理论设计人机协作系统，远程操作机器人完成任务规划、培训练习，有助于减轻操作者的工作负担，改善操作者的工作条件[12]。

图 5-7　外骨骼技术[41]

决策仲裁分配了人和机器对协作任务控制的不同权重，人或者机器占据全部的控制权重是决策分配的两种极端情况。在患者步态康复治疗中，操作者拥有机器的主控权，机器通过阻抗控制约束指定路径的位置偏差，不具有决策主导权[44]。脑机接口是一种新型的人机交互方式，在人或者动物的脑部与外部设备之间搭建通路，实现信息交换。脑机接口结合计算机视觉引导，实现对机械臂的共享控制，操作者通过脑机接口输出控制指令，引导机械臂在水平面移动，利用深度视觉信息，控制机械臂操纵目标物体[45]，基于脑机接口的机械臂控制如图 5-8 所示。人和机器在协作控制中角色的分配和如何动态更新两者的角色是决策仲裁的基本问题。隐马尔可夫模型常用于分配远程协作和协同任务中的角色仲裁，通过概率计算确定人占据的控制权重，动态改变机器的控制权重[46]。在人机角色动态更新过程中，强化学习通过接收环境对动作的反馈获得学习信息，通过调整改变机器人的行为策略，优化机器人的控制模型，响应人行为的变化，提升机器人的动态适应性[47]。

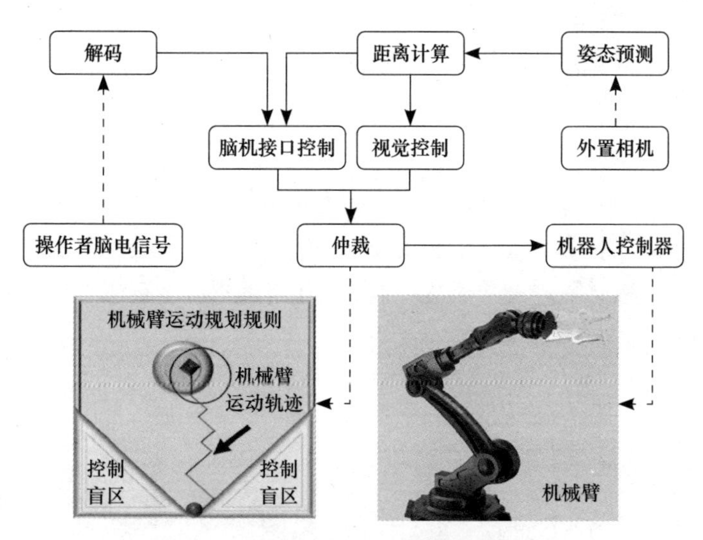


**图 5-8 基于脑机接口的机械臂控制**[45]

高效智能和自然安全的交互是人机协作的根本，现有的理论和方法大多在实验室环境中建立运用，缺乏对系统全面的性能评估，如安全性、鲁棒性和备份性等。因此，发挥人的主观能动性，研究以人为本的智能协作和控制理论，构建可信的人机协作机制，探索人机协作决策和智能交互策略，构建面向工业应用的智能协作系统平台是实现人机智能协作的关键。

# 5.5 典型应用

## 5.5.1 工业生产

人机协作是工业产品制造中的关键应用技术，基于数字孪生的人机协同装配单元的控制方法有助于解决人机协作装配中的三大问题，即人机工作负载的快速平衡，人为因素下的人机协作动态负载均衡和机器人轨迹规划与运动控制[23]。智能人机协作在工业生产中的应用框架如图5-9所示，该框架通过柔性装配系统设计与再设计方法，结合源于人机物理实体的多传感数据，集成人工智能决策逻辑，协调动态更新数字模型和物理实体，综合规划工作场景和布局，实现人机协作可重构系统从设计到运行的闭环关联。该框架在突发事件发生时可重新分配任务，在非结构化环境下动态生成机器的安全运动轨迹，实现柔性生产系统的在线重构配置。该框架在真实的汽车零部件装配线上进行了部署和测试，有效地克服了现有装配线中生产系统布局固定、手动设计部署烦琐、人工操作任务繁重等问题，提高了生产吞吐量和资源利用率[48]。人和机器相互的认知理解是衡量人机协作系统的重要指标，人工智能是推动协作数字化和智能化的必要技术，通过挖掘人机交互数据资产的隐藏价值，赋予机器认知理解、决策规划的自主智能[49]，有助于实现人机协作决策动态均衡。

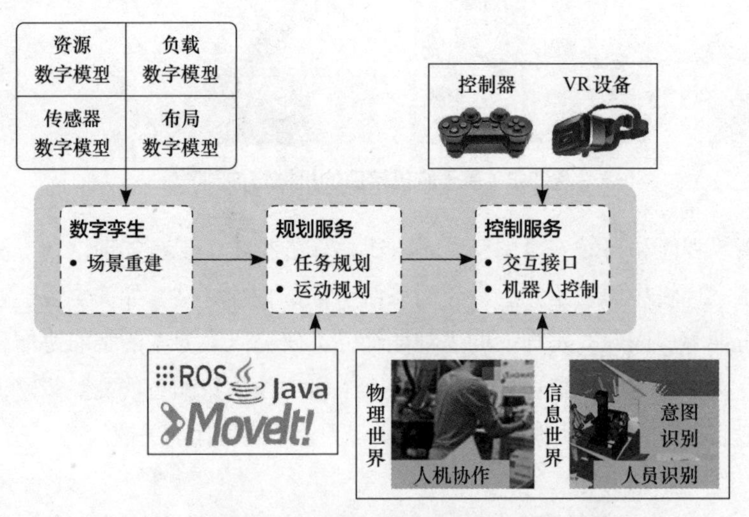


图5-9 智能人机协作在工业生产中的应用框架[48]

智能人机协作本着以人为本的理念，基于数字孪生系统结合人与机器的优势，有助于增强工业生产的智能化，优化工业制造系统的性能。

### 5.5.2 建筑修造

建筑工作繁重，工作环境中充斥着各种噪声、粉尘和烟气等污染，人机协作在建筑修造中的应用旨在提高生产效率和生产力，减少和预防安全事故，保护工人的身心健康。智能人机协作在建筑修建中的应用框架（见图5-10），以VR作为人机交互的载体，提出一种交互式、沉浸式的过程级数字孪生系统，系统集成了用于人机交互的沉浸式VR接口、负责计算和通信的中间件，用于收集感知数据和构建任务执行的机器人操作环境。工人负责高层次的任务规划和监督，机器人承担工作空间感知和监控、路径规划和物理执行。在执行协作安装石膏板的工业场景中，工人通过VR技术远程观察施工现场情况并补充数据信息，并通过与VR中虚拟对象交互执行预演规划和决策交互，利用手持控制器向机器人下达任务指令[50]。此外，针对面向建筑修造的应用需求，智能人机协作系统需要兼容三维建筑信息建模平台和机器设备建模平台等[51]，全面呈现施工数据，减小人机协作操作误差，采用增强现实等简单易学的交互界面，降低工人学习和使用的难度，构建有效直观的交互控制机制。

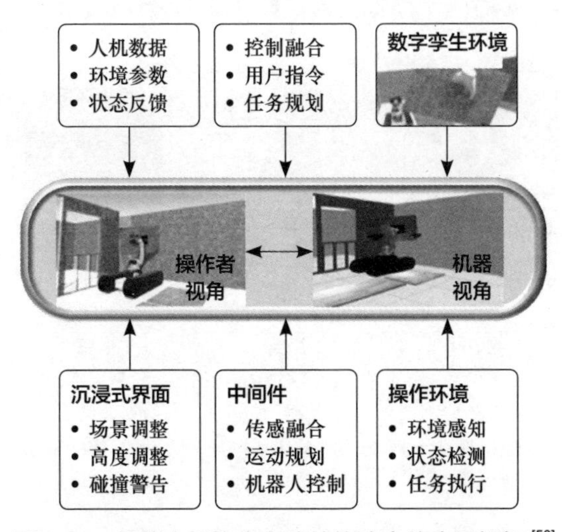


图5-10 智能人机协作在建筑修建中的应用框架[50]

人机协作在建筑修建领域中的应用研究有望实现协作性机器在非结构化工程环境中的应用，减轻人类的体力和脑力劳动，建立工人和建筑工地资产的安全保障机制，促进工人实现“机器人监工”角色的转变。

## 5.5.3 医疗健康

人口老龄化进程加快，医护人员短缺等问题加速了医疗健康护理范式从以“医院”为核心转变为以“家庭”为核心。为减轻护理人员的压力，改善健康服务质量，智能人机协作的应用有助于推进社会医疗健康体系管理。智能人机协作在医疗健康中的应用框架如图5-11所示，该框架主要包括物联网设备层、服务提供层和信息管理层。远程操作者以惯性可穿戴设备作为中间媒介向机器人传达操作意图和指令，双臂机器人完成指定的护理任务，同时，操作者通过人机数字模型获取人机物理实体的行为状态和特征属性，及时调整操作指令。在远程非结构化的验证场景中，该系统将人类的智能和机器的操作能力相融合，基于工作空间映射和路径规划算法，实现了双臂机器人以仿人化运动轨迹完成药物递送、水杯传递等任务[52-53]。突发烈性传染病的诊断防治是社会医疗健康体系中的重大挑战，有效避免院内交叉感染，保障一线医护人员的生命健康是疫情防控的关键问题，基于数字孪生驱动的智能人机协作能够有效地将医护人员与患者隔离，协作操纵机器辅助医护人员执行日常护理工作，实时向操作者反馈护理现场的情况[54]。

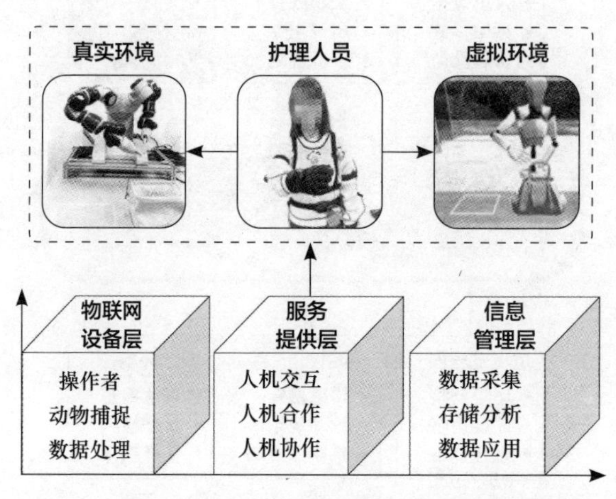


图5-11 智能人机协作在医疗健康中的应用框架[52-53]

智能人机协作在医疗健康中的应用可有效解决医疗健康管理体系的痛点，顺应医疗健康护理方式的发展趋势，促进护理范式的变革。

### 5.5.4 人因工程

传统的人因工程评估多采用基于观察的量表型评价体系，耗时耗力，主观性较强。以基于数字孪生驱动的智能人机协作为人因工程学评估平台，创建人体数字模型，确保工效学分析不受传统评估技术的主观性影响，提升评估准确性和可重复性。智能人机协作在人因工程中的应用框架如图5-12所示，该框架创建了新型工具“数字人”，以评估实际生产中的人因工程指标，将实际数据与数字模型直接关联，加速数值运算分析，量化评估结果。为了验证框架的适用性和有效性，以简单的组装任务模拟实际工作场景，采用可穿戴惯性运动跟踪系统收集工作周期内的运动数据，根据真实工人的人体测量特征创建人体数字模型，对工人实际操作行为和数据细化仿真，面向不同种类的工伤风险采用不同的人因工程评估方法分析数值，采取干预措施以降低生物力学负荷引起的损伤风险[55]。人因工程的评估结果可以应用在智能人机协作中，优化协作方案，重新分配调度任务内容，提高生产效率，减少工人的物理负荷[22]。

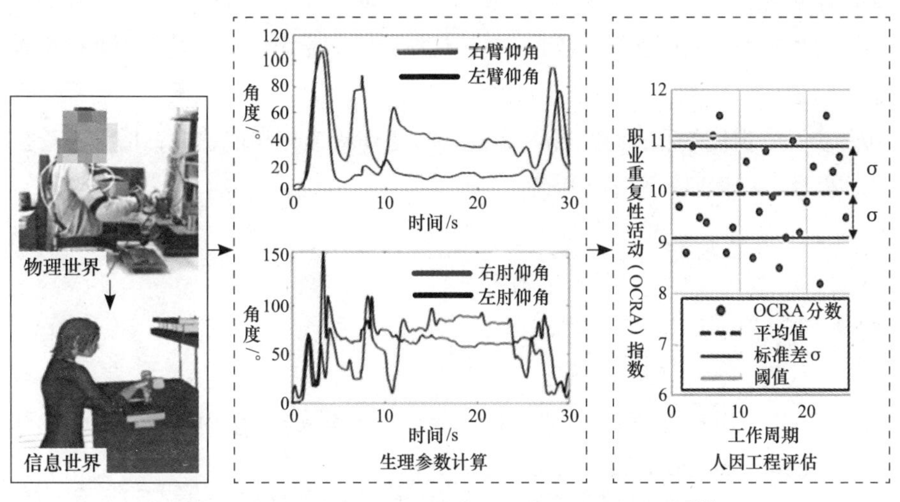


图 5-12　智能人机协作在人因工程中的应用框架[55]

智能人机协作的根本目的是服务人类，基于数字孪生技术评估人因工程学指标符合以人为本的核心理念，通过提供快速可靠的工效学分析方法，聚焦操作者的身心健康，有助于提高人机协作效率。

## 5.6 小结

智能人机协作是实现HCPS的重要途径，数字孪生技术是推动HCPS发展的共性使能技术。数字孪生驱动的智能人机协作基于HCPS理论体系，结合共性使能技术，以增强人机交互的数字化、网络化、智能化，提高人机协作的稳定性、安全性和高效性为目标。本章在分析总结人机关系演变历程的基础上，探讨了基于数字孪生的智能人机协作的基本内涵，依据人机协作的主要资源和数字孪生的核心组成，提出了数字孪生驱动的智能人机协作框架，重点从传感与集成、计算与分析、控制与执行的角度讨论了共性使能技术，并介绍了典型应用场景。

尽管近年来智能人机协作得到了广泛的关注和研究，但是在实际工业场景下的部署和应用仍存在许多问题，例如，人机协作的规范性和安全性，系统的稳定性和可靠性，数字孪生平台的兼容性和功能性，工业系统的高效性和快速响应性等。因此，数字孪生驱动的智能人机协作应坚持以人为本的理念，加强与HCPS的融合和应用，增加认知技术和学习能力，结合工业应用需求和行业标准，融合新兴理念和关键使能技术，优化理论框架，开展系统规划设计、仿真优化和落地应用，提高人机协作标准化和成熟度，增强监管技能，提升工业管理的可视化程度。

## 参考文献


[1] ZHOU J, LI P, ZHOU Y, et al. Toward new-generation intelligent manufacturing[J]. Engineering. 2018,4 (1):11-20.

[2] ZHOU J, ZHOU Y, WANG B, et al. Human–cyber–physical systems (HCPSs) in the context of new-generation intelligent manufacturing[J]. Engineering,

2019, 5(4): 624-636.

[3] 王柏村，臧冀原，屈贤明，等. 基于人-信息-物理系统（HCPS）的新一代智能制造研究[J]. 中国工程科学，2018, 20(4): 29-34.

[4] 臧冀原，王柏村，孟柳，等. 智能制造的三个基本范式：从数字化制造、“互联网+”制造到新一代智能制造[J]. 中国工程科学，2018, 20(4): 13-18.

[5] ANSARI F, HOLD P, KHOBREH M. A knowledge-based approach for representing jobholder profile toward optimal human–machine collaboration in cyber physical production systems [J]. CIRP Journal of Manufacturing Science and Technology, 2020, 28: 87-106.

[6] 王柏村，黄思翰，易兵，等. 面向智能制造的人因工程研究与发展[J]. 机械工程学报，2020, 56(16): 240-253.

[7] 王柏村，薛塬，延建林，等. 以人为本的智能制造：理念、技术与应用[J]. 中国工程科学，2020, 22(4): 139-146.

[8] 陶飞，刘蔚然，张萌，等. 数字孪生五维模型及十大领域应用[J]. 计算机集成制造系统，2019, 25(1): 1-18.

[9] MCCAFFREY T, SPECTOR L. An approach to human–machine collaboration in innovation[J]. Artificial Intelligence for Engineering Design, Analysis and Manufacturing, 2018, 32(1): 1-15.

[10] GRIEVES M, VICKERS J. Digital twin: mitigating unpredictable, undesirable emergent behavior in complex systems[M]. Cham: Transdisciplinary Perspectives on Complex Systems, Springer, 2017: 85-113.

[11] 王柏村，易兵，刘振宇，等. HCPS视角下智能制造的发展与研究[J]. 计算机集成制造系统，2021, 27(10): 2749-2761.

[12] SEBAN T M, BITONNEAU D, SALOTTI J M, et al. Human factors issues for the design of a cobotic system[C]//Proceedings of the AHFE 2016 International Conference on Human Factors in Robots and Unmanned Systems. Florida, USA: Springer, 2016: 375-385.

[13] WANG L, GAO R, Váncza J, et al. Symbiotic human-robot collaborative assembly[J]. CIRP Annals Manufacturing Technology, 2019, 68(2): 701-726.

[14] HENTOUT A, AOUACHE M, MAOUDJ A, et al. Human–robot interaction in industrial collaborative robotics: a literature review of the decade 2008–

2017[J]. Advanced Robotics, 2019, 33(15-16): 764-799.

[15] KOLBEINSSON A, LAGERSTEDT E, LINDBLOM J. Foundation for a classification of collaboration levels for human-robot cooperation in manufacturing[J]. Production & Manufacturing Research, 2019, 7(1): 448-471.

[16] HADDADIN S, Croft E. Physical human–robot interaction[M]//Springer Handbook of Robotics. Cham: Springer, 2016: 1835–1874.

[17] GALIN R, MESHCHERYAKOV R. Review on human–robot interaction during collaboration in a shared workspace[C]//International Conference on Interactive Collaborative Robotics. Istanbul, Turkey: Springer, 2019: 63-74.

[18] BETTONI A, MONTINI E, RIGHI M. Mutualistic and adaptive human-machine collaboration based on machine learning in an injection moulding manufacturing line[J]. Procedia CIRP, 2020, 93: 395-400.

[19] HAESEVOETS T, CREMER D D, DIERCKX K, et al. Human-machine collaboration in managerial decision making[J]. Computers in Human Behavior, 2021, 119: 106730.

[20] MICHALOS G, KARAGIANNIS P, DIMITROPOULOS N, et al. Human robot collaboration in industrial environments[M]//The 21st Century Industrial Robot: When Tools Become Collaborators. Cham: Springer, 2021: 17-39.

[21] ISO-15066:2016, Robots and Robotic Devices—Collaborative Robots[S]. Geneva, Switzerland: International Organization for Standardization, 2016.

[22] MARUYAMA T, UESHIBA T, TADA M, et al. Digital twin-driven human robot collaboration using a digital human[J]. Sensors, 2021, 21(4): 8266.

[23] BILBERG A, MALIK A A. Digital twin driven human–robot collaborative assembly[J]. CIRP Annals Manufacturing Technology, 2019, 68(1): 499-502.

[24] ROETENBERG D, LUINGE H, SLYCKE P. Xsens MVN: full 6dof human motion tracking using miniature inertial sensors[J]. Xsens Motion Technologies BV, Tech Rep. 2009, 1: 1-7.

[25] PILATI F, FACCIO M, GAMBERI M, et al. Learning manual assembly through real-time motion capture for operator training with augmented reality[J]. Procedia Manufacturing, 2020, 45: 189-195.

[26] XIE L, YANG G, MANTYSALO M, et al. Heterogeneous integration of bio-

sensing system-on-chip and printed electronics[J]. IEEE Journal on Emerging and Selected Topics in Circuits and Systems, 2012, 2(4): 672-682.

[27] ROSA B M G, YANG Guangzhong. A flexible wearable device for measurement of cardiac, electrodermal, and motion parameters in mental healthcare applications[J]. IEEE Journal of Biomedical and Health Informatics, 2019, 23(6): 2276-2285.

[28] AIVALIOTIS P, GEORGOULIAS K, ARKOULI Z, et al. Methodology for enabling digital twin using advanced physics-based modelling in predictive maintenance[J]. Procedia CIRP, 2019, 81: 417-422.

[29] KUMARI S, JAIN R, KUMAR U. Defect identification in friction stir welding using continuous wavelet transform[J]. Journal of Intelligent Manufacturing, 2019, 30(2): 483-494.

[30] PÉREZ L, JIMÉNEZ S R, RODRÍGUEZ N, et al. Digital twin and virtual reality based methodology for multi-robot manufacturing cell commissioning[J]. Applied Science, 2020, 10(10): 3633.

[31] BARRICELLI B R, CASIRAGHI E, GLIOZZO J, et al. Human digital twin for fitness management[J]. IEEE Access, 2020, 8: 26637-26664.

[32] SENGAN S, KUMAR K, SUBRAMANIYASWAMY V, et al. Cost-effective and efficient 3D human model creation and re-identification application for human digital twins[J]. Multimedia Tools and Applications, 2022, 81(19): 26839-26856.

[33] SUN X, BAO J, LI J, et al. A digital twin-driven approach for the assembly-commissioning of high precision products[J]. Robotics and Computer-Integrated Manufacturing, 2020, 61: 101839.

[34] SIERLA S, KYRKI V, Aarnio P, et al. Automatic assembly planning based on digital product descriptions[J]. Computers in Industry, 2018, 97: 34-46.

[35] HAVARD V, JEANNE B, LACOMBLEZ M, et al. Digital twin and virtual reality: a co-simulation environment for design and assessment of industrial workstations[J]. Production & Manufacturing Research, 2019, 7(1): 472-489.

[36] MA X, CHENG J, QI Q, et al. Artificial intelligence enhanced interaction in digital twin shop-floor[J]. Procedia CIRP, 2021, 100: 858-863.

[37] DRÖDER K, BOBKA P, GERMANN T, et al. A machine learning-enhanced digital twin approach for human-robot-collaboration[J]. Procedia CIRP, 2018, 76: 187-192.

[38] TU X AUTIOSALO J, JADID A, et al. A mixed reality interface for a digital twin based crane[J]. Applied Science, 2021, 11(20): 9480.

[39] HU C, FAN W, ZEN E, et al. A digital twin-assisted real-time traffic data prediction method for 5g-enabled internet of vehicles[J]. IEEE Transactions on Industrial Informatics, 2022, 18(4): 2811-2819.

[40] HUANG S, WANG G, YAN Y, et al. Blockchain-based data management for digital twin of product[J]. Journal of Manufacturing Systems, 2020, 54: 361-371.

[41] Fraunhofer IPA, Drive systems and exoskeletons (2017)[EB/OL]. (2017-02-21) [2022-12-09]. https://www.ipa.fraunhofer.de/en/expertise/biomechatronic-systems/drive-systems-andexoskeletons.html.

[42] CONSTANTINESCU C, RUS R, RUSU C A, et al. Digital twins of exoskeleton-centered workplaces: challenges and development methodology[J]. Procedia Manufacturing, 2019, 39: 58-65.

[43] GHOSH A, SOTO D A P, VERES S M, et al. Human robot interaction for future remote manipulations in industry 4.0[J]. IFAC-PapersOnLine, 2020, 53(2): 10223-10228.

[44] DUSCHAU W A, VON Z J, CAPREZ A. Path control: a method for patient-cooperative robot-aided gait rehabilitation[J]. IEEE Transactions on Neural Systems and Rehabilitation Engineering, 2010, 18(1): 38-48.

[45] XU Y, DING C, SHU X, et al. Shared control of a robotic arm using non-invasive brain–computer interface and computer vision guidance[J]. Robotics and Autonomous Systems, 2019, 115: 121-129.

[46] LI M, OKAMURA A M. Recognition of operator motions for real-time assistance using virtual fixtures[C]//11th Symposium on Haptic Interfaces for Virtual Environment and Teleoperator Systems. Los Angeles, CA, USA: IEEE, 2003: 125-131.

[47] OLIFF H, LIU Y, KUMAR M, et al. Reinforcement learning for facilitating

human-robot-interaction in manufacturing[J]. Journal of Manufacturing Systems, 2020, 56: 326-340.

[48] KOUSI N, GKOURNELOS C, AIVALIOTIS S, et al. Digital twin for designing and reconfiguring human–robot collaborative assembly lines[J]. Applied Sciences, 2021, 11(10): 4620.

[49] WANG T, LI J, KONG Z, et al. Digital twin improved via visual question answering for vision-language interactive mode in human–machine collaboration[J]. Journal of Manufacturing Systems, 2021, 58: 261-269.

[50] WANG X, LIANG C J, MENASSA C C, et al. Interactive and immersive process-level digital twin for collaborative human–robot construction work[J]. Journal of Computing in Civil Engineering, 2021, 35(6): 4021023.

[51] LIANG C J, MCGEE W, MENASSA C C, et al. Bi-directional communication bridge for state synchronization between digital twin simulations and physical construction robots[C]//Proceedings of the 37th the International Association for Automation and Robotics in Construction. Kitakyushu, Japan: IAARC, 2020: 1480-1487.

[52] ZHOU H, YANG G, LV H, et al. IoT-enabled dual-arm motion capture and mapping for telerobotics in home care[J]. IEEE Journal of Biomedical and Health Informatics, 2020, 24(6): 1541-1549.

[53] ZHOU H, YANG L, LV H, et al. Development of a synchronized human-robot-virtuality interaction system using cooperative robot and motion capture device[C]//IEEE/ASME International Conference on Advanced Intelligent Mechatronics (AIM). Hong Kong, China: IEEE, 2019: 329-334.

[54] YANG G, LV H, ZHANG Zhiyu, et al. Keep healthcare workers safe: application of teleoperated robot in isolation ward for COVID-19 prevention and control[J]. Chinese Journal of Mechanical Engineering, 2020, 33(1): 47.

[55] GRECO A, CATERINO M, FERA M, et al. Digital twin for monitoring ergonomics during manufacturing production[J]. Applied sciences, 2020, 10(21): 7758.

# 第6章

# 面向人本智造的新一代操作工①

## 6.1 引言

人是生产制造系统中最具能动性和最具活力的要素。在整个制造业发展历程中，始终无法脱离工人与机器之间关系的讨论与研究。第一次工业革命，动力机械的引入将操作工从繁重的体力劳动中解放出来，进而转向掌握机器使用技巧；第二次工业革命，标准化、流水线生产的出现，操作工趋向于掌握相对单一的机器使用方法来完成特定工序的工作任务；第三次工业革命，计算机、微电子等技术的出现和普及催生了自动化生产，工人们逐渐从直接操控机械设备向人-计算机交互转变。工业4.0拉开了以智能制造为核心技术的新一轮工业革命的序幕[1-4]，智能制造具有自感知、自学习、自决策、自执行、自适应等功能，工人依托数字化、网络化和智能化的技术手段实现高质量、高效率生产[5]。近年来，以人为本的智能制造逐渐成为制造业转型升级过程中的重要技术方向与发展理念[6-7]。周济、王柏村等[8-10]秉承以人为本的理念提出了人-信息-物理系统的技术框架，讨论了面向HCPS的新一代智能制造的技术体系与未来挑战。在HCPS中，操作工的主观能动性和灵活性对智能制造系统的高效平稳运行具有不可替代的作用。然而，对操作工的传统理解和阐述已无法适应新时期智能制造的发展与推广应用，亟须对操作工相关理论方法进行迭代更新。在这种背景下，国内外学者开始积极探索与尝试，初步提出了新一代操作工这一概念并开展了相关研究与实践[11-17]，为智能制造高质量发展提供了有效参考，成为人本智造领域的一个重要研究方向。

---

① 本章作者为黄思翰、王柏村、张美迪、黄金棠、朱启章、杨赓，发表于《机械工程学报》2022年第18期，收录本书时有所修改。

为了更好地融合先进制造技术和新一代信息技术，充分激发操作工在智能制造系统中的作用，本章重点分析操作工从第一次工业革命至今的发展演变过程，结合现有文献对新一代操作工的概念及关键使能技术进行深入讨论，并分析新一代操作工的典型应用场景，旨在为相关研究与发展提供参考。

## 6.2 新一代操作工的概念

### 6.2.1 操作工的角色演变

制造系统是由生产设施、操作工、加工设备（包括机床、工业机器人等）等共同组成的具有特定功能的系统。操作工作为制造过程中最活跃、最灵活的要素，根据任务分工对制造过程进行计划、实施或控制等。加工设备是操作工完成制造任务的核心工具，操作工与加工设备的互动共同推动制造系统平稳与高效运行。随着制造技术和信息使能技术的不断发展与融合，操作工与加工设备的交互方式不断迭代，导致操作工在制造系统中的角色不断演变，总体上可以分为四个阶段[11]。

第一阶段，操作工主要利用机械工具和手动机床完成手工和灵活的加工工作，称作第一代操作工。

第二阶段，随着计算机辅助软件工具（CAx）和数字化控制技术（NC）的出现和发展，操作工主要开展辅助工作，以控制加工设备完成指定的加工工作，称作第二代操作工。

第三阶段，机器人的出现大大改变了操作工与加工设备的交互模式，操作工与机器人、加工设备、计算机等之间进行安全高效的协作完成加工任务，催生了人机协作下的第三代操作工。

当前，新一轮工业革命快速发展，技术水平不断提升，操作工与各类设备不断融合，进而构建HCPS，催生了新一代操作工。

因此，以第一次工业革命为发端，操作工角色的变迁过程如图6-1所示，不同阶段操作工的内涵与特点如表6-1所示。

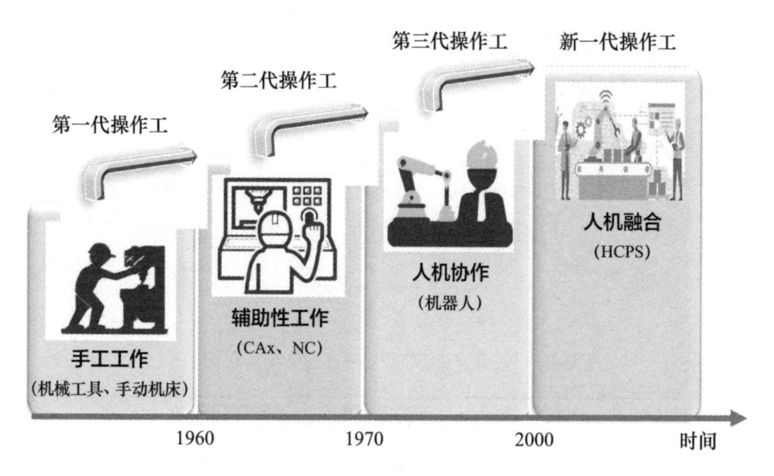


图 6-1　操作工角色的变迁过程

表 6-1　不同阶段操作工的内涵和特点

| 类　别 | 内　涵 | 特　点 |
|---|---|---|
| 第一代操作工 | 利用机械工具和手动机床完成手工 | 强调操作工的主观能动性 |
| 第二代操作工 | 利用 CAx 和 NC 等信息技术辅助完成加工工作 | 强调操作工对辅助性工具的使用能力 |
| 第三代操作工 | 通过操作工与机器人、加工设备等相互协作来完成加工工作 | 强调操作工与设备的高效协作 |
| 新一代操作工 | 基于 HCPS，借助智能化设备增强操作工的身体机能、感知能力等，以提高加工工作的整体效率和系统质量 | 强调操作工与设备的智能深度融合 |

## 6.2.2　新一代操作工的内涵

目前，智能制造正处于快速发展阶段，旨在推动制造全流程、全要素的数字化、网络化、智能化。操作工串联了制造过程的众多环节，以人为本的智能制造逐渐引起研究人员的关注。2016 年，Romero[11] 结合智能制造发展需求，以及可穿戴设备、虚拟现实等新兴技术的发展，提出了新一代操作工的理念，并在后续工作中强调通过人机共生来完成制造任务[12]。新一代操作工作为新概念、新理论，迅速引起了领域专家的广泛讨论，学者们先后从不同侧面提出了新一代操作工的定义[13-14]（见表 6-2）。

根据相关文献定义，新一代操作工更强调以人为本，通过智能化设备或方法增强操作工各方面的能力，而不仅仅是用各类设备来替代操作工。新一代操作工通过应对不同加工任务和难题，不断迭代更新、提升自身的技术水平。新一代操作工的实施不仅是新技术的线性堆叠，还是一种全新的设计和功能理念，需要坚持以人为本，并从作业任务到制造系统进行整体规划，进而构建人机共生系统，最终提高制造效率。作为智能制造系统高效运行的关键要素，新一代操作工有望成为智能制造高质量可持续发展的关键要素。

表 6-2　现有文献关于新一代操作工的定义

| 作　者 | 定　义 |
| --- | --- |
| Romero 等[11] | 新一代操作工是面向未来的操作工，也是根据具体需求选取所需各类辅助设备完成工作任务的智能化和专业化操作工。新一代操作工集中体现了HCPS的构建与应用，展现了面向自适应制造系统的新设计和工程思想 |
| Romero 等[12] | 新一代操作工是智能化的技术工人，不仅可以与机器人协同工作，还可以利用智能化机床、先进人机接口等技术服务人机共生 |
| Mattsso 等[13] | 新一代操作工利用认知自动化解决方案自主处理不同工作任务 |
| Singh 等[14] | 新一代操作工是智能化的技术工人，可以增强智能机床和操作工的共生关系 |

综合表6-2中的相关定义，可总结新一代操作工的基本内涵，即新一代操作工是借助智能化设备和智能算法来强化身体机能、感知能力和认知能力的智能增强型技术工人，具备自主完成复杂任务和学习进化解决新问题的能力。新一代操作工的理论基础是HCPS，致力于通过人机、人人、机机的深度融合构建人机共生系统（见图6-2）。广义上，新一代操作工可以解构为人-物理系统、人-信息系统和信息-物理系统三个子系统，共同构成人机共生HCPS。物理系统与信息系统的虚实融合实现制造系统各类硬件设备的数字化、网络化；在信息系统中，认知学习、知识库共同构建AI大脑对物理系统中的制造过程进行实时感知、分析决策，形成CPS闭环；物理系统与人的交互增强了人的身体机能、感官能力和认知能力，大力提升人机工效，形成HPS闭环；信息系统的决策方案通过可穿戴设备等为操作工人执行工作任务提供参考，甚至可以通过发出指令对相关设备进行辅助性控制，提升操作工的智能操控水平，同样地，操作工的行为可以及时反馈到信息系统，支持信息系统做进一步分析决策，更好地服务操作过程，形成HCS闭环。

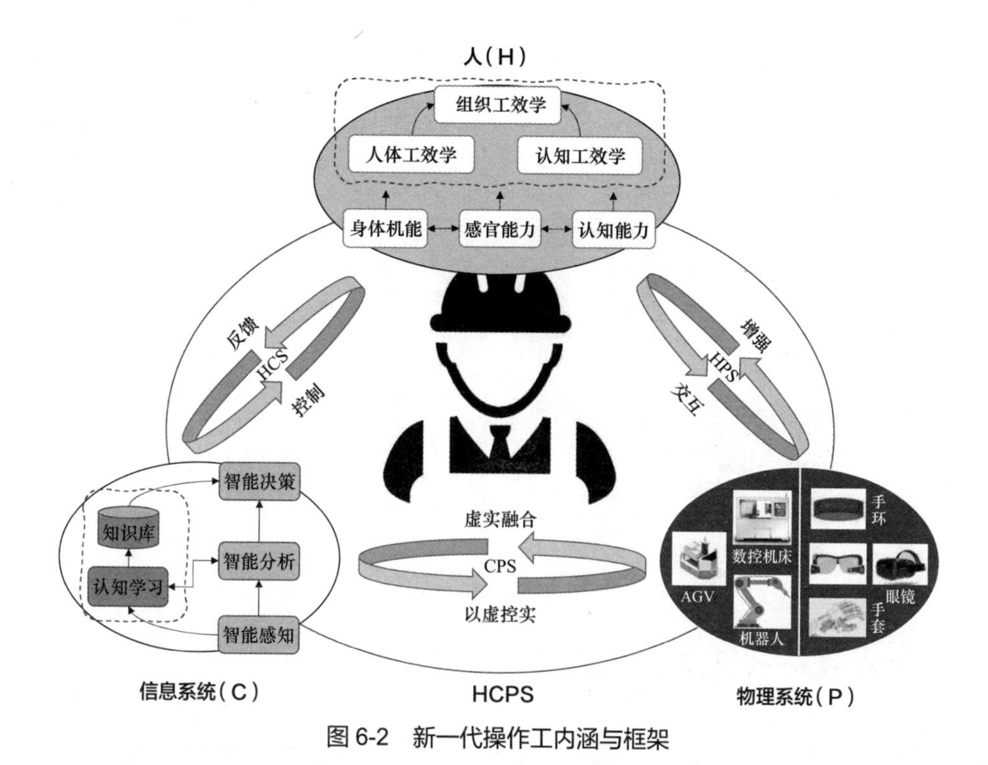


图 6-2　新一代操作工内涵与框架

### 6.2.3　新一代操作工的分类

在智能制造环境下，操作工需要应对的工作任务更加个性化、定制化。为了更好地推动新一代操作工的实践应用，有必要对其进行分类。目前，新一代操作工按照工作类型、使用的工具和技术大致可分为八类[12]（见图 6-3）。力量型操作工主要采用外骨骼技术增强操作工的搬运、负重能力；认知增强型操作工借助增强现实技术显示肉眼难以直接获取的关键零部件、制造过程等信息，提升操作工的认知能力；沉浸式操作工利用虚拟现实技术模拟特定的工作环境和运行状态，提供身临其境的操作体验；协作型操作工是与机器人协作完成加工任务进而提升工作效率的操作工；健康型操作工侧重对操作工的工作状态（疲劳状态、健康情况等）进行监控，动态调整工作强度，提高综合效益；智慧型操作工主要依托人工智能和可穿戴设备对制造过程进行深度感知，提升操作工认知水平，从而做出最优操作决策；互动型操作工强调人机互动、人人交互，在人机共生系统中进行有效交互，提高作业效率；分析型操作工利用数据处理技术对复杂制造过程进行分析，并提供具有建设性的分析报告，为优化制造过程提供重要指导。不同类型的操作工在制造过程中扮演不同的角色，服务不同的业务场景，共同推动以人为本的制造向智能化转型升级。

图 6-3　新一代操作工的分类

### 6.2.4　新一代操作工参考模型

为了便于对新一代操作工进行深入的分析与研究，需要对新一代操作工的参考模型进行研究。考虑到新一代操作工涉及众多要素，而且又是一种全新的设计理念和功能理念，需要对新一代操作工的实施框架进行探讨；另外，为了明晰新一代操作工的运行流程与步骤，优化人机共生系统，有必要提出新一代操作工的运行框架。

笔者基于现有研究成果和新一代操作工的基本内涵，提出新一代操作工的实施框架（见图6-4）。首先对新一代操作工的具体需求进行梳理，明确新一代操作工实施的目的和需要实现的功能。然后进行新一代操作工实施方案探索，确定制造系统要素和流程（特别是人机交互相关内容），选择功能实现所需硬件设备（可穿戴设备、传感器等）。基于此，选择所需的模型、算法，确定虚实融合的方式，并通过虚拟验证、半实物验证、实物验证等多种方式对实施方案进行测试。至此，完成面向人机共生的新一代操作工的方案设计和实施。

在实际场景中，新一代操作工需要与加工设备、辅助设备、其他操作工等进行交互，为了达到最佳实施效果，需要对新一代操作工的运行过程进行持续优化。基于此，以下重点介绍新一代操作工运行过程中的感知线程、认知线程和控制线程，新一代操作工运行框架如图6-5所示。感知线程从制造系统现场的设备层出发，利用传感器和设备自带的信息系统采集相关设备的状态信息，一方面向边缘层传递，利用边缘计算进行一些相对简单的分析决策对设备进行即时控制；另一方面利用制造现场总线汇聚感知信息并借助工业互联网，多源获取、持续采集形成工业大数据，在信息系统中借助AI大脑进行复杂的认知、优化、决策和控制活动。此外，操作工在制造现场可以进行直观的设备状态感知，也可以借助辅助设备、信息系统反馈等深度感知制造状态。认知线程是感知线程的延续，最终收敛于操作工对各类设备运行状态的认知。信息系统的数据分析结果为操作工的认知提供关键信息，操作工自身的感知也可以为其认知提供依据。控制线程是对感知线程和认知线程结果的反馈，依托边缘层、信息系统和人的决策，实现不同程度的控制。边缘层可以对设备进行即时操控。信息系统则对复杂制造过程进行分析优化决策，形成一系列控制指令以完成相对复杂的调控。操作工借助各种手段综合处理制造现场的各类复杂活动，完成自动化、智能化手段无法自主完成的复杂控制，必要时对另外两种控制活动进行干预。

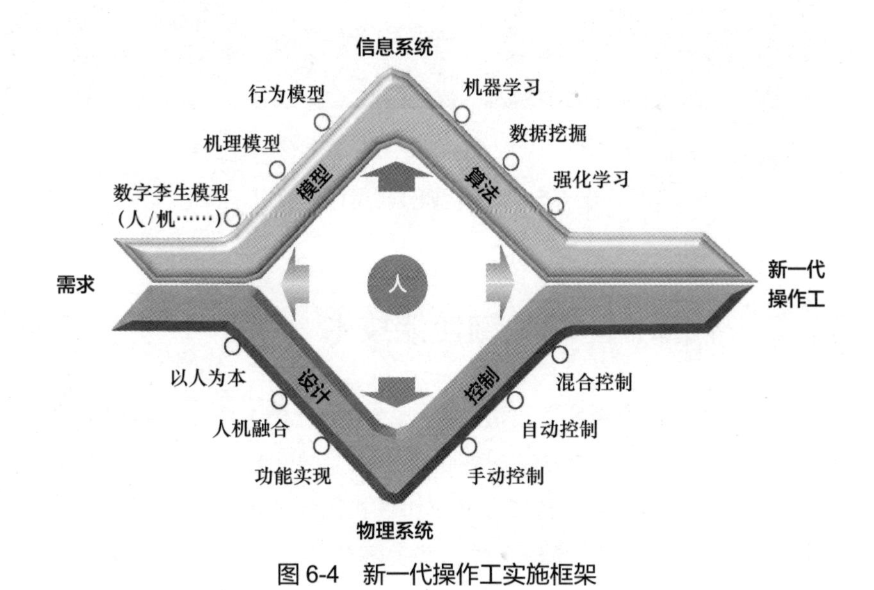


图 6-4　新一代操作工实施框架

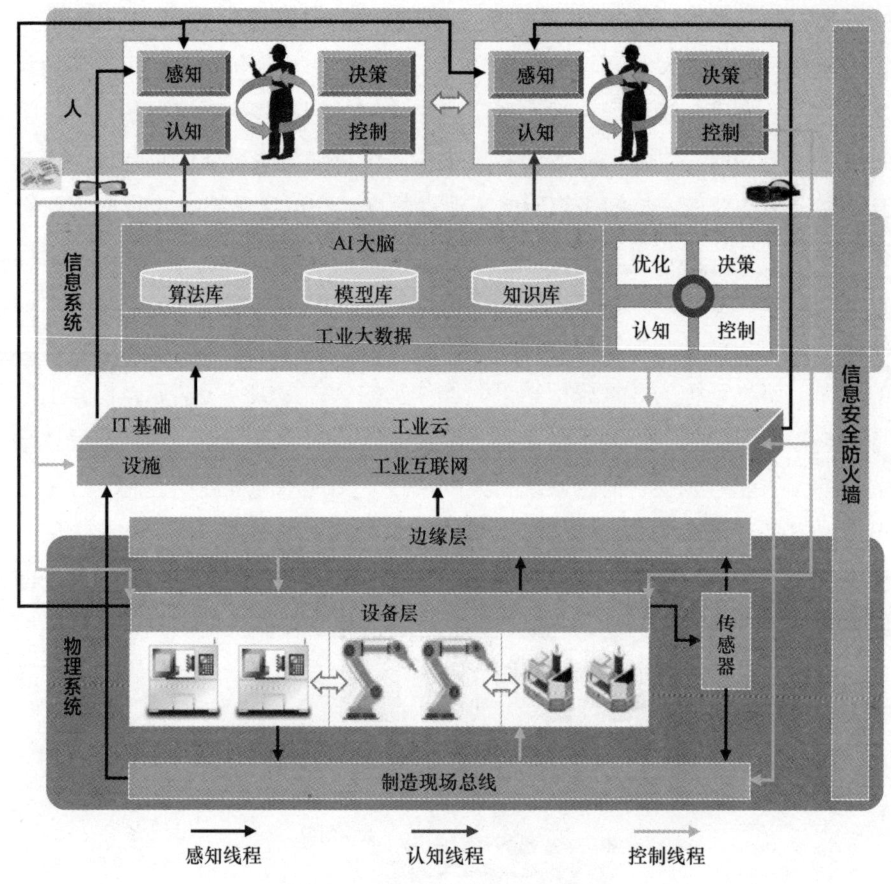


图 6-5　新一代操作工运行框架

## 6.3　新一代操作工的关键使能技术

新一代操作工的发展离不开各类使能技术的支撑，新一代操作工的关键使能技术如图6-6所示，主要包括外骨骼技术、增强现实技术、虚拟现实技术、可穿戴追踪技术、人工智能技术、协作机器人技术、大数据分析技术、数字孪生技术。按照不同场景，对这些关键使能技术进行合理选择和组合后，可以增强操作工的感知、认知、控制等方面的能力，进而提升工作效率。

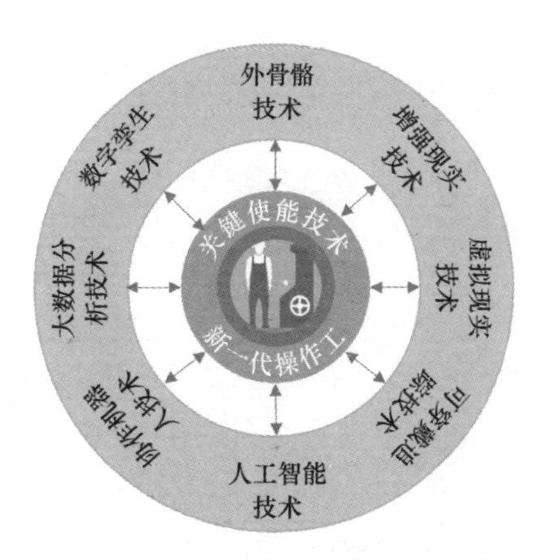


图 6-6　新一代操作工的关键使能技术

## 6.3.1　外骨骼技术

外骨骼技术通过大幅增强操作工的身体机能来完成制造过程中相对费力的工作[18-19]，具有轻量化、灵活性、可移动等特点。史小华等[20]提出多关节坐卧动力外骨骼机器人，并利用人机一体化模型进行运动学和动力学仿真验证。Collins 等[21]强调人体结构进行一体化设计的重要性，并构建了一个与腿部肌肉并行运动的轻量化弹性装置进行验证（见图 6-7）。Munoz[22]分析了新工业革命中外骨骼技术的人因工效学研究情况，指出在利用外骨骼技术过程中兼顾操作工健康因素的必要性。荆泓玮等[23]从外骨骼研究进展、本体结构、控制方法等方面进行分析，总结了外骨骼技术面临的挑战和发展趋势。Huysamen 等[24]根据操作工特点设计了一套外骨骼系统来减轻操作负荷，并对外骨骼系统辅助操作工执行动态升降手动操作任务的效率进行评估。Stadler

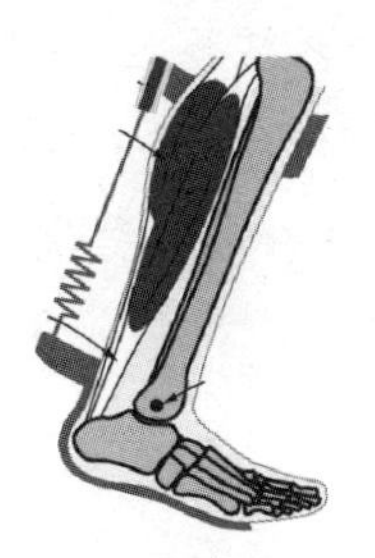
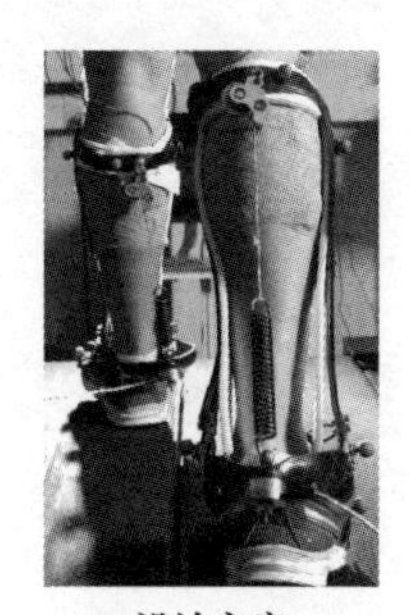

技术方案　　设计方案　　关键结构及运行原理

图 6-7　外骨骼技术用于降低人体能消耗[21]

等[25]提出智能协作轻型的外骨骼系统用于帮助操作工在短距离内提升、降低和搬运物体。外骨骼技术可以分为无动力外骨骼和动力外骨骼两类。动力外骨骼更具有灵活性，可以辅助操作工实现更丰富的功能。但是，动力外骨骼的续航和控制依然是需要重点解决的难题。

## 6.3.2 增强现实技术

增强现实[26]技术是将三维虚拟对象实时集成到三维真实环境中的技术。增强现实技术能够增强用户对现实世界的感知和交互，显示用户无法直接用感官检测的信息[27]。Blanco-Novoa等[28]通过评估增强现实软硬件在造船厂不同场景中的应用情况，为操作工提供用户友好的界面和相关流程信息，提高基于增强现实技术的辅助制造系统的可靠性，基于AR的关键信息可视化如图6-8所示。De Pace等[29]分析了增强现实技术在工业生产领域的应用情况。Paelke[30]提出在支持生产环境快速变化场景下使用的增强现实系统，该系统采用直接在操作工视野中提供新任务信息的方式引导操作。Bruno等[31]提出提升数据收集和信息交换效率的增强现实工具，并开展了用户接受度评估。虽然增强现实技术极大地提升了新一代操作工获取可视化信息的能力，但是其高昂的价格成为推广应用的障碍，笨重的AR眼镜大大降低了舒适度，未来需要在以上这些方面进行优化与革新。

图6-8 基于AR的关键信息可视化[28]

## 6.3.3 虚拟现实技术

虚拟现实[32]技术是可以创建和体验虚拟世界的计算机仿真系统，具有沉浸式和交互式两大特点。虚拟现实技术通过三维可视化实现快速信息整合并支持决策[33]。Turner等[34]基于VR系统框架建立虚拟现实与模拟离散事件相结合的交互式仿真模型，为智能工厂的场景测试和决策提供支持，基于AR的交互式仿真如图6-9所示。Manca等[35]基于虚拟现实技术及增强现实技术设计了一套培训方案，该方案通过事故动态模拟对操作工进行异常情况应对能力培训，以提高操作工对异常情况的有效识别能力和响应能力。Mujber等[36]综述了虚拟现实技术在制造过程中的应用情况，并指出当前高昂的设备价格是该技术大规模推广的瓶颈。Malik等[37]开发了基于虚拟现实技术的人机模拟集成框架，利用虚拟环境中的机器人与操作工进行交互，形成以人为中心的生产系统。虚拟现实技术与增强现实技术面临相似的技术瓶颈。此外，虚拟现实技术在制造过程中的应用场景有待进一步开发。

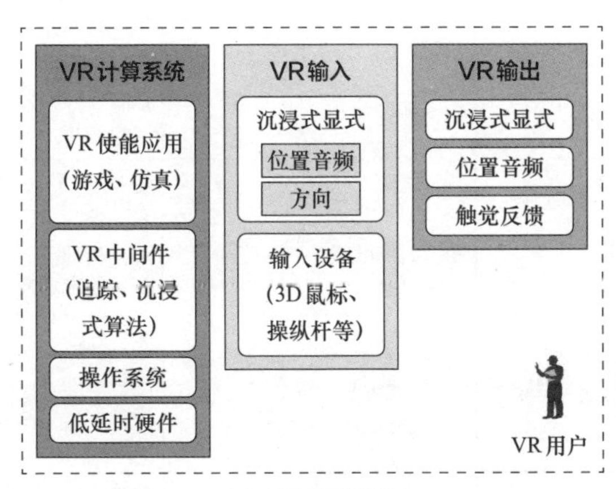


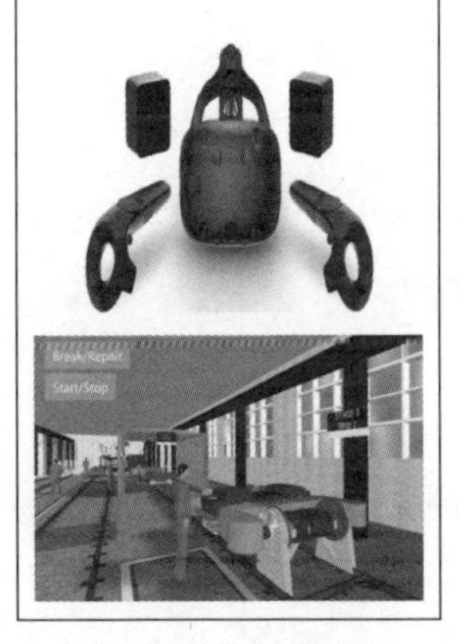

VR系统典型框架　　　　VR设备及典型场景

图6-9 基于VR的交互式仿真[34]

## 6.3.4 可穿戴追踪技术

可穿戴追踪技术是用于记录测量心率等健康指标、GPS位置等数据的便携设备，为新一代操作工提供安全监测和预警，可穿戴追踪技术分类如表6-3所示[38]。Mardonova等[39]对可穿戴追踪器的传感特性和在采矿中的应用情况进行分析，开发了基于可穿戴追踪器的操作工安全生产管理系统。Foxlin等[40]设计了具有数据融合特点的可穿戴跟踪器，结合惯性和机器视觉实现人工基准点位置的自校准，并且能够大幅降低延迟时间。Li等[41]提出基于可穿戴眼动追踪设备的操作工疲劳度评价方法，用于检测操作工心理疲劳程度。Mayberry等[42]设计了低能耗可穿戴眼动仪，该设备基于稀疏像素的凝视估计算法减少凝视预测误差和像素数量，以降低可穿戴眼动仪的运行能耗。可穿戴追踪技术处于高速发展阶段，但是技术的无序发展往往潜藏着安全问题，如何保护操作工的隐私受到越来越多的关注。

表6-3　可穿戴追踪技术分类[38]

| 类　别 | 属　性 | 功　能 | 应　用 |
| --- | --- | --- | --- |
| 智能手表 | 低能耗<br>触屏控制、声控 | 展示详细信息<br>支付<br>活动追踪<br>导航 | 商业<br>市场营销、保险<br>专业运动训练<br>教育 |
| 智能眼镜 | 通过触屏、头部移动、声音、手部摇晃控制<br>低能耗<br>直接将声音传给耳朵 | 可视化<br>口译<br>沟通<br>任务协调 | 外科手术<br>航空航天及国防<br>物流<br>教育<br>信息娱乐 |
| 健身追踪器 | 高精度<br>防水<br>轻便<br>无线通信 | 生理健康<br>导航<br>健身/活动追踪<br>心率监测 | 健身<br>医疗保健<br>专业运动<br>室内/室外运动 |
| 智能服装 | 无可视化接口<br>通过身体传感器、执行器获取数据 | 心率、日常活动、温度、身体位置追踪<br>自动加热/降温 | 专业运动<br>医疗<br>军事<br>物流 |
| 可穿戴摄像头 | 第一人称视频拍摄<br>较小尺寸<br>夜视 | 抓拍第一人称照片/视频<br>直播<br>健身/活动追踪 | 防卫<br>健身<br>工业<br>教育 |
| 可穿戴医疗设备 | 疼痛管理<br>生理追踪<br>血糖监测<br>睡眠监测<br>大脑活动监测 | 心血管疾病<br>生理紊乱<br>慢性疾病<br>外科手术<br>神经科学<br>康复 | 健身<br>心血管治疗<br>精神病治疗<br>外科手术 |

## 6.3.5 人工智能技术

人工智能是研究、开发用于模拟、延伸和扩展人类智能的理论、方法、技术及应用系统的新学科[43]。人工智能技术可以为新一代操作工提供有效信息以支持其动态决策过程、以优化制造过程，人工智能技术在工业领域的应用如表6-4所示。人工智能技术帮助操作工与机器、电脑、数据库，以及其他信息系统进行交互，协助操作工管理作业任务和时间投入[44]。Roveda等[45]设计了基于强化学习的可变阻抗控制器，研究表明该控制器能够主动对未知零件重量进行补偿，协助操作工完成目标任务。Zolotova等[46]对智能工厂中操作工角色定位和身体机能、感知能力、认知能力的增强方式进行分析，强调人工智能技术可以改善操作工的人机交互性能。人工智能技术可以有效提升新一代操作工的认知能力，但同时也会带来认知压力，如何利用人工智能技术为新一代操作工提供必要的有效信息成为关键。

表6-4　人工智能技术在工业领域的应用[44]

| 主　题 | 应　用 | 算　法 |
|---|---|---|
| 工艺规划 | 调度 | Q学习、随机森林、决策树 |
| | 成本和能耗预测 | 神经网络、支持向量机、梯度提高树、随机森林 |
| | 系统建模 | 逻辑回归、随机森林、决策树、贝叶斯 |
| 质量控制 | 质量成本 | 决策树、神经网络、支持向量机 |
| | 过程质量 | 决策树、贝叶斯网络 |
| 预测性维护 | 剩余寿命 | 决策树、神经网络、k-近邻 |
| 物流 | 调度 | 神经网络、Q学习、深度Q学习、随机森林 |
| 机器人 | 人机协作 | 隐马尔可夫模型、k-近邻、聚类、神经网络 |
| | 路径规划 | k-近邻、神经网络 |

## 6.3.6 协作机器人技术

协作机器人[47]是能够与新一代操作工协同作业的新型工业机器人，让机器人彻底摆脱护栏或围笼的束缚，充分发挥机器人的优势。Michalos等[48]提出基于人机协作的汽车装配方法，该方法在协作机器人的帮助下减轻操作工的体力劳动负荷，提高生产效率，机器人与操作工的协作模式分类如图6-10

所示。Fager等[49]提出人机协作的试剂盒原材料分拣方法，协作机器人辅助操作工从仓库挑选合适的原材料，提高货物分拣的效率。姜杰文[50]根据装配齿轮泵的工艺需求开发了人机协作装配的工作平台。张秀丽等[51]为了应对工作环境的动态变化和人机交互的不确定性，设计了基于被动柔顺结构和主动柔顺控制的机械臂，实现了协作机器人与操作工的柔顺交互和碰撞避让。在理想情况下，协作机器人与操作工的融合可以提升作业效率。但是，考虑安全问题，在没有护栏的人机协作场景中，协作机器人的动作幅度、作业速度等都受到较大限制，导致无法充分发挥协作机器人的性能。

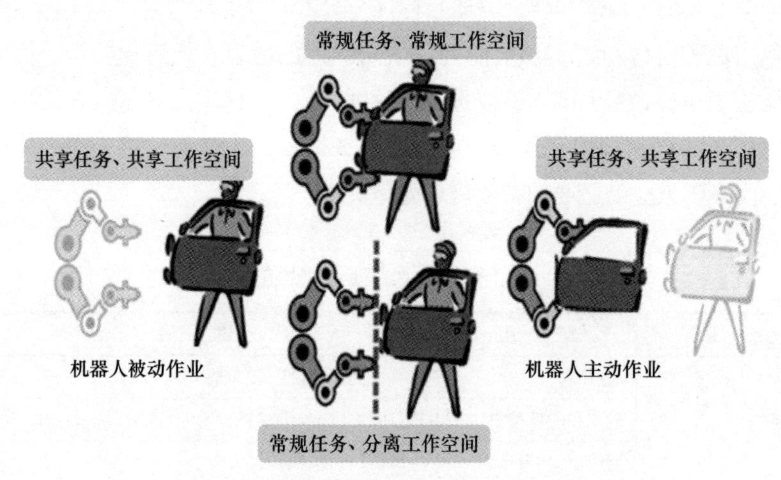


图 6-10　机器人与操作工的协作模式分类[48]

### 6.3.7　大数据分析技术

数据是未来制造业的核心要素，工业大数据分析是制造智能化的关键[52]。大数据分析技术可以为新一代操作工在作业过程中的认知和决策提供关键支持。Wang等[53]对大数据分析技术在智能制造系统中的应用情况进行了综述，重点讨论了分析框架、发展过程、关键技术和应用情况。雷亚国等[54]利用深度学习对机械装备大数据健康进行监测，为操作工进行机械装备精准维护提供支持。廖小平等[55]利用大数据分析技术对刀具磨损情况进行监测，为操作工了解加工状态并优化加工参数提供参考。Drury[56]结合应用案例讨论了大数据分析技术与人体工效学的关系，强调大数据分析技术在工效学实践中的重要作用，并提供了相应的实施路径，基于工效学模型的大数据分析过程如表6-5所示。目前，大数据分析技术还是属于具有较高科学素养人员的“特权”，如何通过总结归纳制造过程规律，提供低代码分析、自助分析等大数据分析工具，成为培养新一代操作工、创造规模价值的关键。

表6-5　基于工效学模型的大数据分析过程[56]

| 主 阶 段 | 次 阶 段 | 过程转变 | 所需专家类型 |
|---|---|---|---|
| 确定目标 | 理解和确认 | 问题领域和数据挖掘领域 | 领域专家、数据挖掘专家 |
| | 转换 | 数据挖掘问题 | 领域专家、数据挖掘专家 |
| 数据收集与准备 | 数据搜索 | 数据集 | 领域专家、数据专家 |
| | 数据筛选 | 目标数据集 | 领域专家、数据专家 |
| | 数据预处理 | 预处理数据集 | 数据专家、数据挖掘专家 |
| 模型构建 | 数据挖掘模型 | 数据挖掘模型 | 数据专家、数据挖掘专家 |
| | 数据挖掘 | 数据模式 | 领域专家、数据挖掘专家 |
| | 解释/评估 | 知识 | 领域专家 |
| 评估/部署 | 设计 | 动作规划 | 领域专家 |

### 6.3.8　数字孪生技术

数字孪生技术是充分利用物理模型、传感器更新、运行历史等数据，集成多学科、多物理量、多尺度、多概率的仿真过程，在虚拟空间完成映射，从而反映相对应的实体装备的全生命周期过程[57]。近年来，数字孪生技术成为了研究热点，特别是与制造领域的融合研究。李浩等[58]开展面向人机交互的数字孪生系统安全操控技术研究，并开发了智能设备远程人机交互与安全操控原型系统，初步实现了远程控制、多级权限操作等功能。He等[59]设计了集成移动增强现实数字孪生监控系统，以帮助操作工对设备进行认知并实现高效的人机交互。Wang等[60]开发了基于数字孪生的人机交互焊接和焊机行为分析平台（见图6-11），以提高操作工的工作效率和舒适度。Wang等[61]提出改进的3D-VGG和3D-ResNet模型，支持从视频数据中提取有效的骨骼数据，通过数据分析改善人机交互过程。Bilberg等[62]对数字孪生驱动的人机协作装配方法进行研究，强调研发阶段的虚拟仿真模型可以用于优化柔性装配线运作过程中的实时控制、动态分配人机任务等。虽然，面向制造的数字孪生技术引起了广泛的关注和研究，但考虑制造过程的复杂性和动态性，如何提升数字孪生模型的准确性和可信度依然是一个难题。

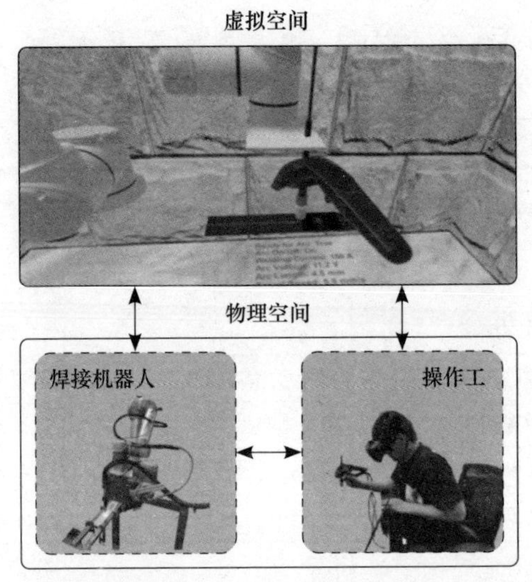


图 6-11 基于数字孪生的人机交互焊接和焊机行为分析平台[60]

## 6.4 新一代操作工的典型应用

随着智能制造的发展，新一代操作工形成了一批典型应用场景，包括基于增强现实技术的复杂产品装配（增强型操作工）、工业机器人辅助制造（协作型操作工）、基于虚拟现实技术的制造培训（沉浸式操作工）等，新一代操作工典型应用场景如图6-12所示，为新一代操作工的后续发展奠定了重要基础。

### 6.4.1 增强型操作工——基于增强现实技术的复杂产品装配

复杂产品装配过程具有并行、异步的特点[63]。复杂装配过程对操作工的经验和熟练度提出了很高的要求，操作工个体的差异会导致装配质量不一致、装配效率低下等一系列问题。增强型操作工可以借助增强现实技术对装配过程进行监控、引导、预测和预警等[64]，为实现复杂产品的高质量、高效率装配赋能。传统的复杂产品装配指导信息具有不直观的特点，而增强型操作工在装配过程中可以便捷地获取相关信息[65]，并且直观地展示在HoloLens等可穿戴设备上[66]，可极大地提高装配效率，增强型操作工装配作业过程如图6-13所示。Wang等[67]对基于增强现实技术的复杂产品装配应用情况进行了分析，增强现实环境的实时反馈可以对复杂产品装配设计和规划过程进行动态优化[68]，基于增强现实技术的复杂产品装配可以极大地缩短装配时间和降低装配错误率，增强型操作工在复杂产品装配领域具有广阔的应用前景。

图 6-12　新一代操作工典型应用场景

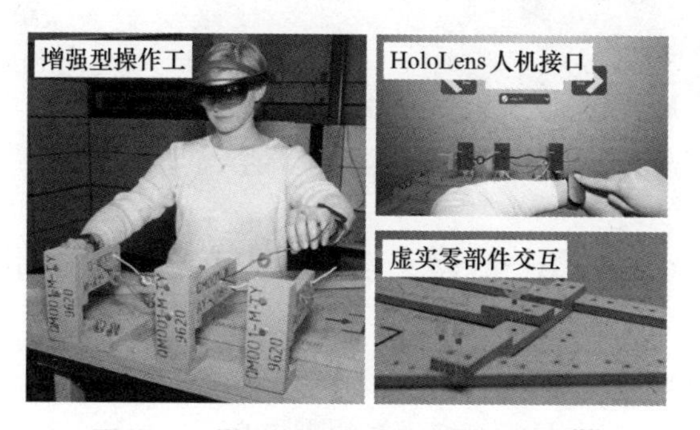


图 6-13　增强型操作工装配作业过程[66]

### 6.4.2 协作型操作工——工业机器人辅助制造

工业机器人的广泛应用是智能制造的重要特征之一[69]。工业机器人从最初代替人工从事简单、重复性工作到利用机器视觉[70]、人工智能[71]等技术感知制造环境、与操作工融合互动完成复杂工作，其在制造过程中的作用越来越重要。工业机器人在物料搬运、焊接、减材制造、增材制造等[72]业务场景中展现了其巨大的应用推广价值。工业机器人辅助制造逐渐成为智能制造不可或缺的一部分，其中，操作工与机器人的交互协作是关键[73]。毋庸置疑，人机协作系统顺利运转的前提是保证操作工的安全，Khalid等[74]提出了一种系统性的HCPS开发指导方法和工具来保证人机协同过程的安全，并在重负荷业务场景中验证了其可行性（见图6-14）。机器人的高柔性、高灵活性赋予了智能制造过程高效、自主应对个性化、定制化需求的能力。Gonzalez等[75]提出了面向工业环境的可移动机器人导航方法，在网络互联的基础上，融合嵌入式监督控制器和分布式导航架构，通过人机、机机互动等快速适应不同的业务场景。

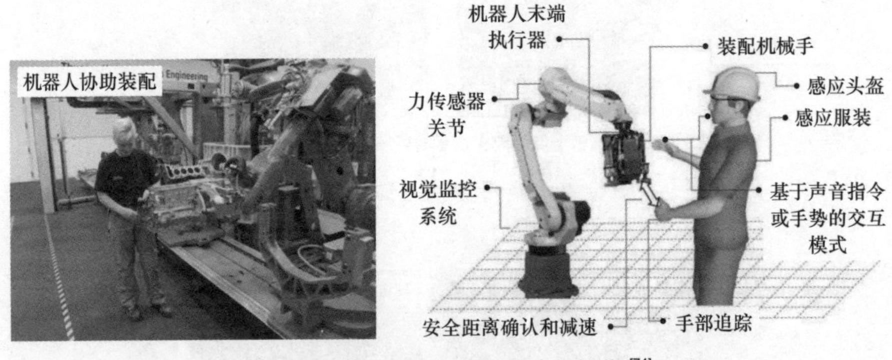


图6-14　重负荷业务场景的人机协作[74]

### 6.4.3 沉浸式操作工——基于虚拟现实技术的制造培训

虚拟现实技术通过模拟高度真实的环境创造沉浸式的体验[76]，结合感知系统和仿真系统，实现具有真实反馈的人机交互。基于虚拟现实技术的建模方法是创造沉浸式体验的基础，涉及几何建模、物理建模、行为建模等，进而构建复杂的制造场景，例如，制造单元构建、工厂布局等。基于虚拟现实技术的制造培训是虚拟现实技术在智能制造中的典型应用，可以将操作工带入虚拟制造环境中，尽情地探索制造活动和所需操作，尽快适应复杂的操作工序，低成本、安全、快捷地做好各项制造准备工作。蔡宝等[77]将虚拟现实技术应用于铣床加工教学实践，增强学员学习兴趣的同时避免了操作实际设备可能发生的危险。Salah 等[78]强调虚拟现实技术在产品制造过程中的可持续培训和教育作用，重构制造系统为对象，开展制造系统设计、交互和操作等环节的示教。Roldán 等[79]基于虚拟现实技术开发了复杂装配培训系统（见图 6-15），利用虚拟现实技术复现工作环境，结合培训过程挖掘技术收集和存储操作工的经验知识，培训效果大大超过传统的纸质指导书。Schroeder 等[80]在分析制造活动所需培训内容中着重讨论了哪些环节可以用虚拟现实技术进行开发，包括信息获取、材料和工具分配、部组件配备等。

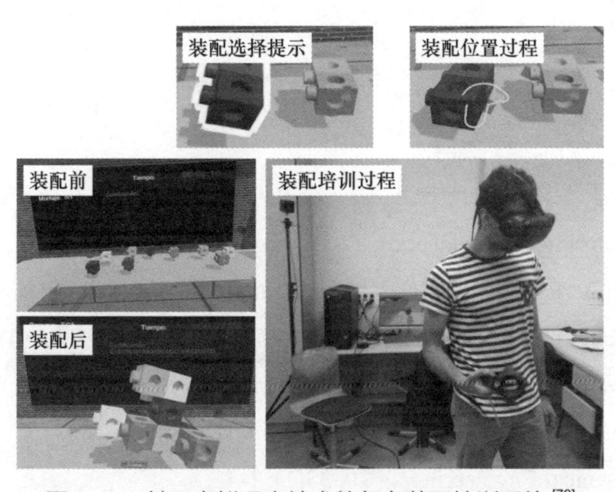


图 6-15　基于虚拟现实技术的复杂装配培训系统[79]

## 6.5　小结

操作工作为制造过程中最活跃、最灵活的要素，如何融合先进制造技术和新一代信息技术充分调动其主观能动性是人本智造的一个关键问题。在分析不同时期（历次工业革命）的操作工的内涵和特点的基础上，基于现有新一代操作工研究成果和智能制造特点总结了新一代操作工的基本内涵，根据任务特点和技术方案的不同总结了八种类型的新一代操作工，并探讨了新一代操作工的实施框架与运行框架。此外，还重点讨论了新一代操作工的关键使能技术和典型应用场景。

虽然新一代操作工相关研究还处于起步阶段，但新一轮工业革命为其提供了一个良好的环境来综合运用并测试新兴技术，以实现以人为本的智能制造。如果说HCPS是人本智造的理论基础，人的数字孪生等是人本智造的关键使能技术，那么新一代操作工就是人本智造的“灵魂”。下一步研究团队将坚持以人为本的理念，以HCPS为理论基础，融合新一代操作工相关理念与技术，开展智能制造系统的规划设计、虚实融合仿真等应用研究，发展人本智造，促进制造业的智能化转型。

## 参考文献


[1] 周济. 智能制造——“中国制造2025”的主攻方向[J]. 中国机械工程，2015, 26(17): 2273-2284.

[2] ZHOU J, LI P, ZHOU Y, et al. Toward new-generation intelligent manufacturing[J]. Engineering, 2018, 4(1): 11-20.

[3] WANG B, TAO F, FANG X, et al. Smart manufacturing and intelligent manufacturing：a comparative review[J]. Engineering, 2020, 7(6): 738-757.

[4] LI X, WANG B, LIU C, et al. Intelligent manufacturing systems in COVID-19 pandemic and beyond：framework and impact assessment[J]. Chinese Journal of Mechanical Engineering, 2020, 33(1): 1-5.

[5] 臧冀原，王柏村，孟柳，等. 智能制造的三个基本范式：从数字化制造、“互联网+”制造到新一代智能制造[J]. 中国工程科学，2018, 20(4): 13-18.

[6] 王柏村，薛塬，延建林，等. 以人为本的智能制造：理念、技术与应用[J]. 中国工程科学，2020, 22(4): 139-146.

[7] 王柏村，黄思翰，易兵，等. 面向智能制造的人因工程研究与发展[J]. 机械工程学报，2020, 56(16): 240-253.

[8] ZHOU J, ZHOU Y, WANG B, et al. Human–cyber–physical systems (HCPSs) in the context of new-generation intelligent manufacturing[J]. Engineering, 2019, 5(4): 624-636.

[9] 王柏村，易兵，刘振宇，等. HCPS视角下智能制造的发展与研究[J]. 计算机集成制造系统，2021, 27(10): 2749-2761.

[10] 王柏村，臧冀原，屈贤明，等. 基于人-信息-物理系统（HCPS）的新一代智能制造研究[J]. 中国工程科学，2018, 20(4): 29-34.

[11] ROMERO D, BERNUS P, NORAN O, et al. The operator 4.0: Human cyber-physical systems & adaptive automation towards human-automation symbiosis work systems[C]//IFIP international conference on advances in production management systems. Cham, Switzerland: Springer, 2016: 677-686.

[12] ROMERO D, STAHRE J, WUEST T, et al. Towards an Operator 4.0 typology：a human-centric perspective on the fourth industrial revolution technologies[C]// proceedings of the international conference on computers and industrial engineering (CIE46). Tianjin, China: International Scientific Committees, 2016: 29-31.

[13] MATTSSON S, FAST-BERGLUND A, LI D, et al. Forming a cognitive automation strategy for Operator 4.0 in complex assembly[J]. Computers & Industrial Engineering, 2020, 139: 105360.

[14] SINGH S, TRETTEN P. Operator 4.0 within the framework of industry 4.0[M]. Hershey, Pennsylvania: IGI Global, Research anthology on cross-industry challenges of Industry 4.0. 2021: 398-410.

[15] BOUSDEKIS A, APOSTOLOU D, MENTZAS G. A human cyber physical system framework for Operator 4.0–artificial intelligence symbiosis[J]. Manufacturing letters, 2020, 25: 10-15.

[16] TAYLOR M P, BOXALL P, CHEN J J J, et al. Operator 4.0 or Maker 1.0? Exploring the implications of Industries 4.0 for innovation, safety and quality of work in small economies and enterprises[J]. Computers & industrial engineering, 2020, 139: 105486.

[17] KAASINEN E, SCHMALFUSS F, ÖZTURK C, et al. Empowering and engaging industrial workers with Operator 4.0 solutions[J]. Computers & Industrial Engineering, 2020, 139: 105678.

[18] ROSEN J, BRAND M, FUCHS M B, et al. A myosignal-based powered exoskeleton system[J]. IEEE Transactions on systems, Man, and Cybernetics-

part A：Systems and humans, 2001, 31(3): 210-222.

[19] SYLLA N, BONNET V, COLLEDANI F, et al. Ergonomic contribution of ABLE exoskeleton in automotive industry[J]. International Journal of Industrial Ergonomics, 2014, 44(4): 475-481.

[20] 史小华，王洪波，孙利，等. 外骨骼型下肢康复机器人结构设计与动力学分析[J]. 机械工程学报，2014, 50(3): 41-48.

[21] COLLINS S H, WIGGIN M B, SAWICKI G S. Reducing the energy cost of human walking using an unpowered exoskeleton[J]. Nature, 2015, 522(7555): 212-215.

[22] MUNOZ L M. Ergonomics in the industry 4.0: exoskeletons[J]. Journal of Ergonomics, 2018, 8(1): 176.

[23] 荆泓玮，朱延河，赵思恺，等. 外肢体机器人研究现状及发展趋势[J]. 机械工程学报，2020, 56(7): 1-9.

[24] HUYSAMEN K, DE LOOZE M, BOSCH T, et al. Assessment of an active industrial exoskeleton to aid dynamic lifting and lowering manual handling tasks[J]. Applied ergonomics, 2018, 68: 125-131.

[25] STADLER K S, ALTENBURGER R, SCHMIDHAUSER E, et al. Robo-mate an exoskeleton for industrial use—concept and mechanical design[M]. Singapore: Advances in Cooperative Robotics. 2017: 806-813.

[26] AZUMA R T. A survey of augmented reality[J]. Presence: teleoperators & virtual environments, 1997, 6(4): 355-385.

[27] CARMIGNIANI J, FURHT B. Augmented reality: an overview[J]. Handbook of augmented reality, 2011: 3-46.

[28] BLANCO-NOVOA O, FERNANDEZ-CARAMES T M, FRAGA-LAMAS P, et al. A practical evaluation of commercial industrial augmented reality systems in an industry 4.0 shipyard[J]. IEEE Access, 2018, 6: 8201-8218.

[29] DE PACE F, MANURI F, SANNA A. Augmented reality in industry 4.0[J]. American Journal of Computer Science and Information Technology, 2018, 6(1): 1-7.

[30] PAELKE V. Augmented reality in the smart factory: supporting workers in an industry 4.0. environment[C]//Proceedings of the 2014 IEEE emerging

technology and factory automation (ETFA). New Jersey: IEEE, 2014: 1-4.

[31] BRUNO F, BARBIERI L, MARINO E, et al. An augmented reality tool to detect and annotate design variations in an industry 4.0 approach[J]. The International Journal of Advanced Manufacturing Technology, 2019, 105(1): 875-887.

[32] ZHENG J M, CHAN K W, GIBSON I. Virtual reality[J]. IEEE Potentials, 1998, 17(2): 20-23.

[33] Davidson J, Fowler J, Pantazis C, et al. Integration of VR with BIM to facilitate real-time creation of bill of quantities during the design phase: A proof of concept study[J]. Frontiers of Engineering Management, 2020, 7(3): 396-403.

[34] TURNER C J, HUTABARAT W, OYEKAN J, et al. Discrete event simulation and virtual reality use in industry：new opportunities and future trends[J]. IEEE Transactions on Human-Machine Systems, 2016, 46(6): 882-894.

[35] MANCA D, BRAMBILLA S, COLOMBO S. Bridging between virtual reality and accident simulation for training of process-industry operators[J]. Advances in Engineering Software, 2013, 55: 1-9.

[36] MUJBER T S, SZECSI T, HASHMI M S J. Virtual reality applications in manufacturing process simulation[J]. Journal of materials processing technology, 2004, 155: 1834-1838.

[37] MALIK A A, MASOOD T, BILBERG A. Virtual reality in manufacturing：immersive and collaborative artificial-reality in design of human-robot workspace[J]. International Journal of Computer Integrated Manufacturing, 2020, 33(1): 22-37.

[38] NNAJI C, AWOLUSI I. Critical success factors influencing wearable sensing device implementation in AEC industry[J]. Technology in Society, 2021, 66: 101636.

[39] MARDONOVA M, CHOI Y. Review of wearable device technology and its applications to the mining industry[J]. Energies, 2018, 11(3): 547.

[40] FOXLIN E, NAIMARK L. VIS-Tracker：A wearable vision-inertial self-tracker[J]. VR, 2003, 3: 199.

[41] LI J, LI H, UMER W, et al. Identification and classification of construction equipment operators' mental fatigue using wearable eye-tracking technology[J]. Automation in Construction, 2020, 109: 103000.

[42] MAYBERRY A, HU P, MARLIN B, et al. Shadow：design of a wearable, real-time mobile gaze tracker[C]//Proceedings of the 12th annual international conference on Mobile systems, applications, and services. June 16 – 19. New Hampshire: Association for Computing Machinery, 2014: 82-94.

[43] ZHOU Y, WANG L, DING L, et al. Intelligent technologies help operating mobile cabin hospitals effectively cope with COVID-19[J]. Frontiers of Engineering Management, 2020, 7(3): 459-460.

[44] MYERS K, BERRY P, BLYTHE J, et al. An intelligent personal assistant for task and time management[J]. AI Magazine, 2007, 28(2): 47.

[45] ROVEDA L, MASKANI J, FRANCESCHI P, et al. Model-based reinforcement learning variable impedance control for human-robot collaboration[J]. Journal of Intelligent & Robotic Systems, 2020, 100(2): 417-433.

[46] ZOLOTOVÁ I, PAPCUN P, KAJÁTI E, et al. Smart and cognitive solutions for Operator 4.0：laboratory H-CPPS case studies[J]. Computers & Industrial Engineering, 2020, 139: 105471.

[47] MAURICE P, PADOIS V, MEASSON Y, et al. Human-oriented design of collaborative robots[J]. International Journal of Industrial Ergonomics, 2017, 57: 88-102.

[48] MICHALOS G, KOUSI N, KARAGIANNIS P, et al. Seamless human robot collaborative assembly-an automotive case study[J]. Mechatronics, 2018, 55: 194-211.

[49] FAGER P, CALZAVARA M, SGARBOSSA F. Modelling time efficiency of cobot-supported kit preparation[J]. The International Journal of Advanced Manufacturing Technology, 2020, 106(5): 2227-2241.

[50] 姜杰文. 基于手势识别的协作机器人人机交互系统设计[D]. 辽宁：大连理工大学，2019.

[51] 张秀丽，谷小旭，赵洪福，等. 一种基于串联弹性驱动器的柔顺机械臂设计[J]. 机器人，2016, 38(4): 385-394.

[52] MOURTZIS D, VLACHOU E, MILAS N. Industrial big data as a result of IoT adoption in manufacturing[J]. Procedia cirp, 2016, 55: 290-295.

[53] YANG F, WANG M. A review of systematic evaluation and improvement in the big data environment[J]. Frontiers of Engineering Management, 2020, 7(1): 27-46.

[54] 雷亚国，贾峰，周昕，等. 基于深度学习理论的机械装备大数据健康监测方法[J]. 机械工程学报，2015, 51(21): 49-56.

[55] 廖小平，陈楷，鲁娟. 基于磨损监测保持切削加工表面质量稳定的实时控制研究[J]. 机械工程学报，2020, 56(11): 252-260.

[56] DRURY C G. Human factors/ergonomics implications of big data analytics: chartered institute of ergonomics and human factors annual lecture[J]. Ergonomics, 2015, 58(5): 659-673.

[57] 陶飞，刘蔚然，张萌，等. 数字孪生五维模型及十大领域应用[J]. 计算机集成制造系统，2019, 25(1): 1-18.

[58] 李浩，刘根，文笑雨，等. 面向人机交互的数字孪生系统工业安全控制体系与关键技术[J]. 计算机集成制造系统，2021, 27(2): 374-389.

[59] HE F, ONG S K, NEE A Y C. An integrated mobile augmented reality digital twin monitoring system[J]. Computers, 2021, 10(8): 99.

[60] WANG Q, JIAO W, WANG P, et al. Digital twin for human-robot interactive welding and welder behavior analysis[J]. IEEE/CAA Journal of Automatica Sinica, 2020, 8(2): 334-343.

[61] WANG T, LI J, DENG Y, et al. Digital twin for human-machine interaction with convolutional neural network[J]. International Journal of Computer Integrated Manufacturing, 2021, 34(7-8): 888-897.

[62] BILBERG A, MALIK A A. Digital twin driven human–robot collaborative assembly[J]. CIRP Annals, 2019, 68(1): 499-502.

[63] 刘晓阳，刘恩福，靳江艳. 基于蚁群算法的异步并行装配序列规划方法[J]. 机械工程学报，2019, 55(9): 107-119.

[64] 武颖，姚丽亚，熊辉，等. 基于数字孪生技术的复杂产品装配过程质量管控方法[J]. 计算机集成制造系统，2019, 25(6): 1568-1575.

[65] WANG Z, BAI X, ZHANG S, et al. User-oriented AR assembly guideline: a

new classification method of assembly instruction for user cognition[J]. The International Journal of Advanced Manufacturing Technology, 2021, 112(1): 41-59.

[66] MILLER J, HOOVER M, WINER E. Mitigation of the Microsoft HoloLens' hardware limitations for a controlled product assembly process[J]. The International Journal of Advanced Manufacturing Technology, 2020, 109(5): 1741-1754.

[67] WANG X, ONG S K, NEE A Y C. A comprehensive survey of augmented reality assembly research[J]. Advances in Manufacturing, 2016, 4(1): 1-22.

[68] ONG S K, PANG Y, NEE A Y C. Augmented reality aided assembly design and planning[J]. CIRP annals, 2007, 56(1): 49-52.

[69] 丁汉. 机器人与智能制造技术的发展思考[J]. 机器人技术与应用，2016, 20(4):7-10.

[70] 易怀安，刘坚，路恩会. 基于图像清晰度评价的磨削表面粗糙度检测方法[J]. 机械工程学报，2016, 52(16): 15-21.

[71] 王田苗，陶永. 我国工业机器人技术现状与产业化发展战略[J]. 机械工程学报，2014, 5(9): 1-13.

[72] BARBOSA W S, GIOIA M M, NATIVIDADE V G, et al. Industry 4.0: examples of the use of the robotic arm for digital manufacturing processes[J]. International Journal on Interactive Design and Manufacturing (IJIDeM), 2020, 14(4): 1569-1575.

[73] HUBER A, WEISS A. Developing human-robot interaction for an industry 4.0 robot: how industry workers helped to improve remote-HRI to physical-HRI[C]//Proceedings of the Companion of the 2017 ACM/IEEE International Conference on Human-Robot Interaction. March 6 – 9. Vienna Austria: Association for Computing Machinery, 2017: 137-138.

[74] KHALID A, KIRISCI P, GHRAIRI Z, et al. Towards implementing safety and security concepts for human-robot collaboration in the context of industry 4.0[C]//39th International MATADOR Conference on Advanced Manufacturing. Manchester, UK: Spinger, 2017: 0-7.

[75] GONZALEZ A G C, ALVES M V S, VIANA G S, et al. Supervisory control-

based navigation architecture: a new framework for autonomous robots in industry 4.0 environments[J]. IEEE Transactions on Industrial Informatics, 2017, 14(4): 1732-1743.

[76] LIAGKOU V, SALMAS D, STYLIOS C. Realizing virtual reality learning environment for industry 4.0[J]. Procedia CIRP, 2019, 79: 712-717.

[77] 蔡宝，朱文华，孙张驰，等. 虚拟现实技术在铣削加工实训教学中的应用[J]. 实验技术与管理，2020, 37(1): 137-140.

[78] SALAH B, ABIDI M H, MIAN S H, et al. Virtual reality-based engineering education to enhance manufacturing sustainability in industry 4.0[J]. Sustainability, 2019, 11(5): 1477.

[79] ROLDÁN J J, CRESPO E, MARTÍN-BARRIO A, et al. A training system for industry 4.0 operators in complex assemblies based on virtual reality and process mining[J]. Robotics and computer-integrated manufacturing, 2019, 59: 305-316.

[80] SCHROEDER H, FRIEDEWALD A, KAHLEFENDT C, et al. Virtual reality for the training of operators in industry 4.0[C]//IFIP International Conference on Advances in Production Management Systems. Cham, Switzerland: Springer, 2017: 330-337.

# 第7章
# HCPS视角下的智慧健康办公①

## 7.1 引言

全球工业化的进程推动了人类工作方式和生活方式的转变，先进的机器代替了越来越多的体力劳动，办公人员数量已超过社会就业人口的一半[1]。近年来，办公人员的健康问题突出，肌肉骨骼疾病、精神压力、慢性病等严重危害办公人员的身心健康[2]。2019年，中国出台《健康中国行动（2019—2030年）》，将疾病预防和健康促进摆在核心位置[3]。促进办公人员的健康也成为社会和学界关注的焦点。世界卫生组织（World Health Organization，WHO）将健康定义为"一种生理、心理和社会幸福感各方面完全良好的状态，而不仅仅是没有疾病或不虚弱的状态"[4]。从可持续的角度看，办公人员的工作效率和身心健康是两个同等重要的因素[5]。同时，办公人员的健康状况是保证其工作效率和生活质量的前提[6]。因此，健康办公指的是采用一切有利于身心健康发展的方式，保障办公人员的健康，提升办公人员的幸福感。

二十世纪九十年代，美国心理学协会设立了"健康工作场所奖"，鼓励组织在员工福利、组织设计与管理等方面促进员工身心健康[7]。健康办公话题引起国际社会的广泛关注，尤其受到发达国家的高度重视，在工作站工效学设计[8]、基于办公活动的设计和管理[9]、健康办公建筑[10]等方向取得了丰富的研究成果。在信息通信技术广泛应用于健康办公主题之前，传统健康办公主要从两个角度开展研究：一是从工效学、心理学、行为科学等角度，了解人类的生理机制、认知心理和行为规律，支持产品、系统和空间环境的设计，使

① 本章作者为何琦琦、张香莹、李黛、张叙俊、彭涛、王柏村、唐任仲，发表于《机械工程学报》2022年第18期，收录本书时有所修改。

产品和服务符合人的形态、生理和心理特征，满足人的健康办公需求[8, 11]；二是从心理学、社会学的角度研究组织福利设置、工作方式、组织设计管理等方面以促进办公人员的身心健康[12-13]。然而，这些研究在考虑办公人员个体差异和办公过程中的动态变化等方面较为缺乏，难以有针对性地、适时地进行健康干预。

随着物联网和人工智能技术的快速发展，智能化技术在民生安全、健康、舒适等方面的应用场景日益丰富。2021年首次写入“十四五”规划纲要的智慧家居，现阶段已经具备全屋互联、响应用户个性化需求的功能，可以利用智能语音交互、智能穿戴等技术实现居家环境控制和健康监测[14]。然而，这些技术不完全适用于办公场景。一方面，办公场景需要考虑服务方式对工作效率的影响；另一方面，办公人员对数据获取方式和用途有所担忧（如隐性缺勤被量化）；此外，如何在服务群体的环境中满足多个主体的不同偏好是办公场景的一大挑战[15]。因此，不少国内外学者针对办公场景的特点，运用新兴技术对办公人员的健康和幸福感的影响开展研究[5]。例如，Papagiannidis等[16]提出利用智能照明系统实现办公空间的照明与自然光均衡，减少因视觉不适造成的心理和生理健康问题。Zhao等[17]提出采用数据驱动的方法满足普通办公室中个人热舒适需求差异。利用新一代信息技术，可以实时获取办公场景的个体活动和环境变化等信息，系统将具备感知信息、适应用户需求的能力[16, 18-19]。新技术为健康办公领域的智能化发展提供了新思路，促进办公人员健康的方式变得更加个性化、多样化。

智慧健康办公旨在融合新一代信息技术，在办公过程中保障和促进办公人员的健康，提升办公人员的幸福感。从系统的角度来看，办公人员、办公设施和办公环境是办公过程必不可少的基本要素，三者相互关联，共同影响办公人员的健康。因此，理解智慧健康办公的内涵，首先要弄清楚三大基本要素的组成及其对健康的影响。

由于人本身的复杂性和灵活性，如何有效地将信息通信技术融入智慧健康办公场景值得深入研究。近年来，随着对智能系统中人的因素认识的逐渐深入，人-物理-信息系统的理论与技术体系被提出[20]。Zhou等[21]将HCPS作为理论基础，从生产制造过程的角度，对新一代智能制造的技术原理和演进过程进行了分析。研究指出从传统制造的人-物理系统到新一代智能制造的HCPS，其实质是信息技术与工业技术不断融合的过程[22-23]。HCPS为制造业的技术革新与融合发展提供了新思路，其影响不断扩展到智慧交通[23]、智慧建筑[24]等领域。HCPS这一概念，一方面可以系统性地解释某领域智能化发展的基本原理，另一方面突出强调信息化进程中以人为本的理念，对工业和服务业发展均具有重要参考价值。

基于上述分析，作者首先阐述智慧健康办公的概念及其组成要素；探讨智慧健康办公在HCPS视角下的演进规律，总结其发展特点。在此基础上，提出HCPS视角下的智慧健康办公的研究框架，为智慧健康办公的未来发展提供参考。最后以智慧健康办公工位为例探讨技术实现途径与阶段性研究进展。

## 7.2 智慧健康办公的概念及组成要素

智慧健康办公是指充分考虑办公过程中与健康相关的各种因素，综合运用物联网、大数据、人工智能等技术，随时随地感知办公人员健康状态相关的信息（人的状态、设施状态和环境状态），智能分析和调节设施与环境的状态，适时提醒办公人员改变办公行为，以保障办公人员的健康。

智慧健康办公以办公过程为研究对象。智慧健康办公下的办公过程是一个复杂的系统，由办公人员、办公设施和办公环境三大基本要素组成，三者相互关联，共同构成一个有机整体。智慧健康办公下办公过程的系统组成如图7-1所示。办公人员是活动（工作）的主体，指的是在办公室长期从事脑力工作的人员，需要充分考虑人的各种因素，包括生理、心理、组织、文化等；办公设施是保障工作顺利进行的基础，泛指一切与办公室工作相关的基础办公设施（办公家具、办公设备、环境设备等）和办公用品（办公设备、桌面用品等），以及与ICT相关的基础设施（传感设备、通信设备、控制设备等）；办公环境是办公人员与办公设施所处的特定环境，指的是作用和影响办公活动的各种物理因素的综合，主要包括空气环境、热环境、光环境、声环境等。办公设施与办公环境共同为办公人员创造适合工作的条件，支持办公人员健康、高效地完成工作。三者相互作用、相互影响，在办公过程中形成有机联系的整体。例如，办公人员通过使用、配置办公设施以支持个人和群体进行办公活动；办公人员使用办公设施所产生的排放物、噪声影响环境质量；办公环境影响办公人员的舒适、工作表现和健康，可根据办公人员需求进行调节。

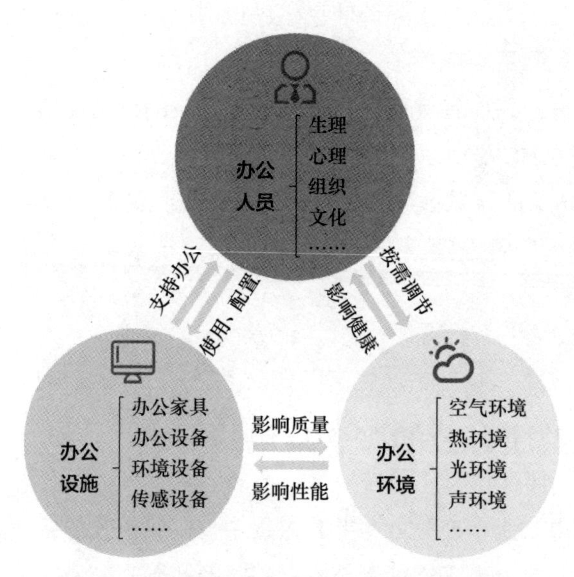


图 7-1　智慧健康办公下办公过程的系统组成

与办公人员、办公设施、办公环境相关的各因素不同程度地影响人的健康。例如，办公人员的行为与许多生理健康问题直接相关。研究表明，不健康的办公姿态及其持续时长是腰痛、颈椎病等肌肉骨骼疾患的风险因素[25]。办公设施从产品设计参数和办公设备（电脑、键盘、鼠标等）的摆放位置等方面影响办公人员的行为，间接影响办公人员的健康。例如，办公桌椅的尺寸与人体尺寸不匹配容易使人处于一个不健康的体位，造成颈部、腰部、腿部不适[26-27]；键盘、鼠标和显示屏的摆放位置容易造成手部、腕部、颈部的不适，需要遵循工效学设计原理，使办公人员的姿态更加合理[28-29]。此外，与办公环境相关的温度、空气质量、光线和声音都会在生理和心理上影响人的健康[5, 30]。例如，非常低或者非常高的室内温度和湿度会影响办公人员的热舒适，对其健康状况和工作表现都有影响[11]；光照的时长会对人的生理节律产生影响[31]；糟糕的声环境使办公人员产生烦躁和疲惫的感觉[32]。同时，办公设备的使用会增加空气环境中的排放物浓度，影响室内空气质量，容易引发病态建筑综合征（Sick Building Syndrome，SBS）。例如，电子设备和打印机工作时，复杂的物理和化学过程会生产甲醛、臭氧等挥发性有机化合物

（Volatile Organic Compounds，VOCs），危害办公人员的健康[33]。

实际上，办公人员的行为习惯和特征，以及办公人员对设施和环境的要求都存在较大的个体差异，甚至受当下情境的影响，但传统健康办公难以依据用户实时的状态和感受做出分析。所以，智慧健康办公的优势在于可以感知、分析办公过程动态变化的情况，为办公人员提供主动、适时、个性化的智慧健康服务。

## 7.3　从传统健康办公到智慧健康办公

从系统构成看，传统健康办公向智慧健康办公发展，经历了从人-物理系统到人-信息-物理系统的过程（见图 7-2）。

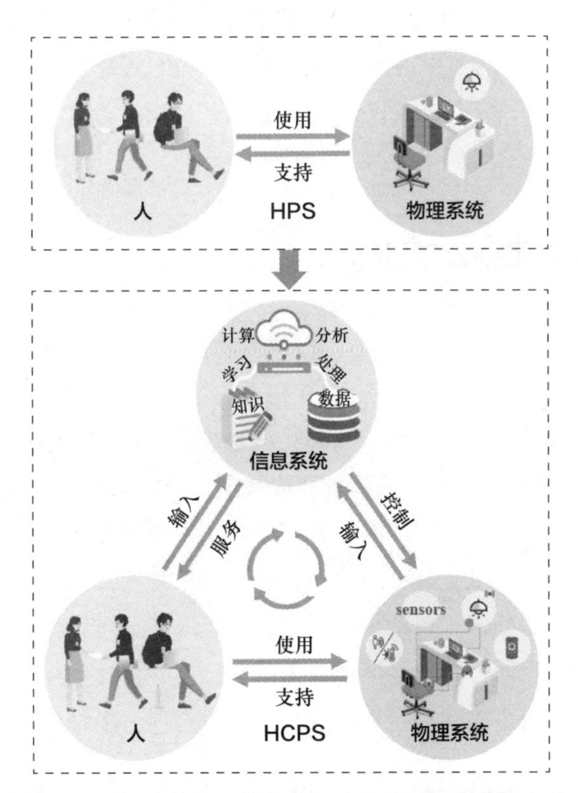


图 7-2　HCPS 视角下从传统健康办公到智慧健康办公

### 7.3.1 传统健康办公与HPS

从系统构成看，传统健康办公是人-物理系统。其中，人指办公人员，物理系统由基础办公设施和办公用品（与ICT无关的基础设施），以及物理环境（空气环境、热环境、光环境等）共同组成。人是物理系统的操作者，通过调整物理系统的状态，使其符合人的身心健康需求，物理系统为人创造适宜的工作条件，支持办公人员健康、高效地完成各项工作。办公人员通过对办公设施直接作用，发挥产品的功能，满足人的健康需求。例如，办公人员通过手动调节桌椅的倾角和高度，使其符合自己的身型，以保持良好的坐姿；通过手动操作窗帘、控制灯光开关，将光环境调整到令人舒适的水平。

从HPS的角度来看，传统健康办公具备以下特征：一是人与物理系统是直接交互的关系；二是物理系统在使用过程中只能发挥预先设计的功能；三是人不断在物理系统（机械结构、参数设计等）上创新、应用，综合运用工效学、心理学、材料学相关的知识，使设计的办公设施更加贴合用户群体的人体尺寸、行为习惯、体验感受和健康需求，持续为办公人员提供静态的产品服务。

### 7.3.2 智慧健康办公与HCPS

在智能技术的支持下，人们对部分传统健康办公的物理系统进行改造升级，增加了传感、通信、控制等与ICT相关的基础设备。从系统构成看，智慧健康办公与传统健康办公相比，人和物理系统之间增加了信息系统，三者共同构成HCPS。其中，信息系统具备获取数据、分析决策、反馈信息的能力，可以依据输入的传感信息（或办公人员指令）对物理系统进行控制，为用户提供个性化的服务，以支持办公人员健康、高效地完成工作。例如，在办公设施中嵌入照度传感器、自动控制系统，信息系统通过感知办公室自然光的变化提供动态的照明，减少光环境对人的舒适度、生物节律的影响[34]。感知办公人员及情境信息的动态变化是提供主动、适时、个性化的智慧健康服务的前提。

从HCPS的角度来看，智慧健康办公具备以下特征：一是人与物理系统是间接交互的关系，办公人员可以通过声控、触控等多种方式改变物理系统的状态，甚至不提供指令；二是信息系统的智能是人和人工智能技术赋予的，一方面，规则、模型、方法以人的经验为主，另一方面，系统具有认知和学习的能力，极大地提高自身应对不确定性的能力，实现服务过程最优化；三是信息系统可以自适应地控制智能产品，物理系统与人之间的交互形式表现为动态式、主动式；四是信息系统可以在人的动态活动过程中实时感知、分析与健康状态相关的情境信息，为办公人员提供持续性、个性化的健康服务。

基于以上剖析，传统健康办公向智慧健康办公发展的主要特征可总结为以下四个方面。

（1）从静态到动态的变化。传统的健康办公无法获得办公过程动态变化的情境信息，只能通过需求调研、访谈等方式了解部分用户的使用体验。ICT 与智能传感技术的快速发展使实时获取办公人员的生理状态、心理状态和环境状态等情境信息成为可能，从而及时感知每一位办公人员的健康需求。

（2）从群体到个体的变化。传统的健康服务是基于产品的服务，尽管产品模块化、大批量定制等制造模式推动了产品个性化水平的发展，但是办公场景的产品参数设计和服务内容仍停留在群体层面。在智能技术的支持下，HCPS 的信息系统被赋予认知和学习的能力，可以实时感知，甚至预测办公人员的需求[35]。因此，在大量收集源于个体和办公场景的多源异构数据的基础上，整个系统的感知、自主分析，以及精准服务能力都得以提高，服务内容逐渐个性化、差异化。

（3）从因果到关联的变化。传统健康办公主要通过探究因果关系进行健康评估，采用生物力学、心理学、行为学等学科的理论和方法研究人的生理、心理机制，以及行为与健康之间的表现特征和客观规律。这不仅需要大量的专业知识，还可能涉及许多尚未掌握或难以量化的知识规律。智慧健康办公应用传感与数据分析技术推动办公人员健康评估向探究“关联关系”的数据驱动模式转变。

（4）从单一学科研究到多学科交叉融合的变化。大数据、人工智能等新一代信息技术与健康办公的融合也带来了新的研究问题。例如，如何量化各种健康影响因素对个体造成的影响？如何针对个体差异提供个性化的服务？需要以人因工程、设计学、生命科学等多学科的基础理论和方法为基础，与信息科学、控制科学、系统科学等交叉融合，解决更加复杂的个体差异和实时干预问题。

总的来说，智慧健康办公具有实时性、个性化、数据驱动、多学科融合等特点，在提高办公人员的工作效率和身心健康方面存在潜力，比传统健康办公更具有可持续性[35]。在智能制造领域，HPS向HCPS演变的关键是赋予机器智能，代替人类完成更多的体力和脑力劳动[36]。而在智慧健康办公领域，HCPS重点在于了解人，办公设施只是一个感知和反馈信息的载体，人的重要性贯穿始终。因此，智慧健康办公为保障和促进办公人员的健康和幸福感，关键在于如何借助智能技术，在办公过程中为办公人员提供主动、适时、个性化的智慧健康服务，使其保持健康的状态。

## 7.4 智慧健康办公研究框架

根据智慧健康办公基本要素和特征的分析，在HCPS视角下，提出智慧健康办公研究框架，有助于系统分析智慧健康办公的相关研究发展方向。HCPS视角下的智慧健康办公研究框架如图7-3所示，该研究框架包括人、物理系统和信息系统三个基本维度。

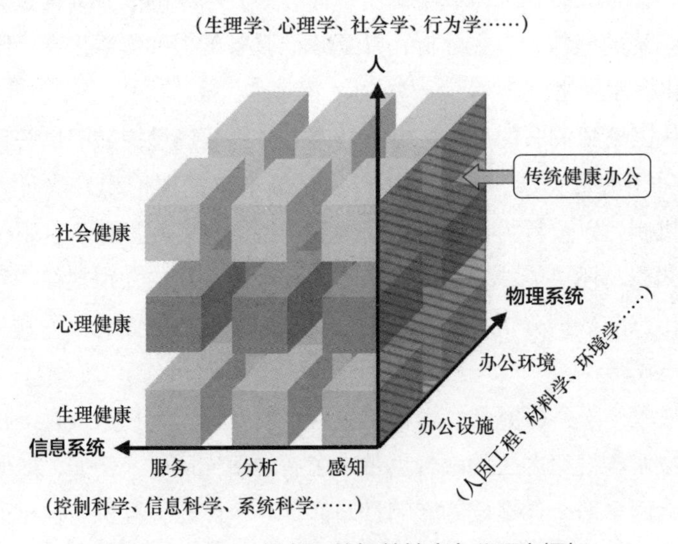


图7-3　HCPS视角下的智慧健康办公研究框架

### 7.4.1 研究框架

WHO指出，健康[4]包括生理健康、心理健康和社会健康，智慧健康办公研究框架中人这一维度分为生理健康、心理健康和社会健康三个方面。生理健康指身体机能运作良好；心理健康指办公人员有能力应对工作中的压力，具有分析和做决策能力等；社会健康指参与社会的方式健康，具备良好的沟通和协作能力。这三方面相互影响、相互作用。例如，办公人员长期患有肌肉骨骼疾病（生理健康），其工作效率和注意力会受到影响（心理健康）；慢性压力（心理健康）可能会影响办公人员与同事的协作（社会健康）。此外，当前研究指出，心理和社会健康与慢性疾病的发展紧密相关[37]，如工作压力与肌肉骨骼疾病[38]、焦虑抑郁症状和糖尿病[37]等。因此，以全面健康的视角探索智慧健康办公的发展，有助于将健康办公的着眼点从只关注物理工作环境上升到提供多样的、预防性的智慧健康服务，协助办公人员更好地创造、实现价值。

物理系统维度包括所有真实存在于物理空间的实体和环境，包括办公设施及办公环境两个方面。办公设施包括办公家具、办公设备、环境设备和传感设备等。办公环境包括空气环境、热环境、光环境及声环境等。办公设施与办公环境一起构成物理系统，影响办公人员的日常工作过程。借助先进的传感技术，物理系统能够感知与办公人员健康状态相关的情境信息，并根据信息系统的指令及时做出调整。例如，Ren等[2]设计了一款智能座椅，能够根据员工久坐行为及压力水平，借助办公桌上的灯带与员工交互，鼓励员工加强身体活动。涉及的情境信息可分为三类：人员状态（如生命体征、身体活动和工作状态）、环境状态（如温度、照度等）和设施状态（如办公设备的使用状态）。尽管感知办公人员工作状态、设备使用状态等并不能直接反映人的健康状态，但是这些信息有助于分析办公人员的实时需求，为其工作方式及生活方式的改善提供依据。

信息系统维度包括感知、分析和服务。信息系统本身具有感知、分析决策与控制的功能[22]，但在办公场景中，信息系统不再单纯地控制物理系统，更多的是为人提供服务的。例如，Zhang等[39]为促进智慧办公下办公人员的健康提出参考架构，包含感知、分析和应用。信息系统基于物理系统获取的数据，实现适时的服务，即在合适的时间、地点，有针对性地为办公人员提供支持。分析的主要工作包括识别对象、评估及服务选择。识别对象包括办公人员的工作姿态及压力水平、办公设施的使用模式和办公空间的环境状态等；在识别的基础上开展个性化的评估，包括工作姿态的工效学风险评估、健康风险评估和环境的舒适性量化评估等；服务选择涉及基于情境的服务需求提取及服务内容生成，以保证办公人员的体验。从服务开展的方式上看，一是个人层面，如针对个人工作特点、健康风险，为员工个人提供有针对性的改善建议[4]；二是组织层面，如考虑群体的身体活动水平对办公空间进行优化[5]、工作安排考虑员工的疲劳状况[6]等。

### 7.4.2 研究内容

智慧健康办公研究框架中各维度涉及多学科的理论、方法和技术。例如，人的维度涉及生理学、心理学、社会学、行为学等；信息系统的维度涉及控制科学、信息科学、系统科学等；物理系统的维度涉及人因工程、材料学、环境学等。多学科交叉融合带来了多样的挑战，下文分析了智慧健康办公的部分研究内容，以办公人员久坐行为管理和慢性压力管理两个研究主题为例，介绍相关方法和研究趋势。

（1）办公人员久坐行为管理。在智慧健康办公研究框架中主要涉及人的生理健康，与人密切相关的办公设施，并且依赖信息系统的感知-分析-服务三个层次。办公人员的久坐行为会增加与工作相关的肌肉骨骼疾病和糖尿病等疾病的风险[40]。当前的研究趋势之一是将传感设备（如手机和智能穿戴设备），结合劝导式设计或行为改变理论，实现基于活动数据的针对性久坐干预[41-42]。干预的形式包括通过电脑或手机进行提醒及其他新型交互方式（如环境照明、声音和触觉反馈等）。然而，正如Huang等[41]所指出的，虽然干预的形式呈现多样化的发展趋势，但基于情境的干预尚未得到真正实现。例如，如何将促进身体活动的技术与工作情境结合，此外，当前大部分研究仍处于实验和开发阶段，缺乏长期的实际效果验证，包括员工对不同久坐干预方式的接受度、影响员工持续接受干预的机制等。

（2）办公人员慢性压力管理。慢性压力的形式与许多心理和社会健康问题息息相关，包括抑郁、焦虑、工作倦怠及幸福感下降等[43]。当前研究探索了自动压力检测方法，例如，通过键盘及鼠标的使用模式、相机捕获的身体活动模式分析压力水平[43-45]。然而，当前研究局限于实验室环境的短期实验，如何在实际办公场所中运用长期的传感数据检测压力水平，以及检测压力之后如何评估及干预，仍需进一步探讨。Koldijk等[46]指出压力的干预措施可以包括控制压力源和提高个人管理能力等。然而，如何针对办公人员的个人特点及压力发生的情境，判断是否需要干预及如何合理干预，尚未得到深入探讨。

除上述领域外，智慧健康办公还包含促进办公人员健康的热舒适管理、光环境控制、办公人员坐姿管理等研究主题[39]。在热舒适管理方面，需要综合考虑办公人员的年龄、性别、衣着和活动水平等因素，确定个性化热舒适评估调控方案；在光环境控制方面，需要进一步探索光照环境对人的认知能力、精神压力和生物节律的影响；在办公人员坐姿管理方面，需要深入研究基于传感设备的坐姿开集识别技术和不良姿态即时提醒服务。跨学科交叉合作有助于进一步挖掘技术的潜力，为促进办公人员的健康带来更为全面的观点和坚实的理论基础。深入探索健康状态与工作状态的关系，包括工程技术领域对分布式传感器、智能织物、行为识别方法的探索，设计学中的产品及服务设计方法、人因工程中的静态作业肌肉疲劳评估、公共卫生中对干预效果的验证方法和行为科学中对行为改变机制的探索等。

## 7.5　面向办公人员肌肉骨骼健康的智慧健康办公工位

针对办公人员日益增长的肌肉骨骼健康管理需求，在智慧健康办公研究框架的指导下，搭建了面向办公人员肌肉骨骼健康的智慧健康办公工位，其技术框架如图7-4所示。围绕人的生理健康这一层面，以办公设施为载体，利用信息系统感知-分析-服务的能力，促进办公人员的肌肉骨骼健康。

智慧健康办公工位的物理系统由智慧办公家具（智能升降桌和智能办公椅）、计算机、鼠标、键盘等办公设施组成，智慧办公家具由办公家具本体（电动升降桌和人体工学椅）与多源传感器、自动控制系统、无线通信装置等部分构成，终端具备简单的数据存储和处理能力，多源传感数据传输至数据处理平台，算法模型部署于安全可靠的云端服务器，最终分析处理的信息通过智能手机反馈给办公人员，信号传输至互联的智慧办公家具。智慧健康办公工位通过信息系统的感知、分析和服务，实现办公人员行为状态的监测和评估，并提供肌肉骨骼健康知识推荐等服务。

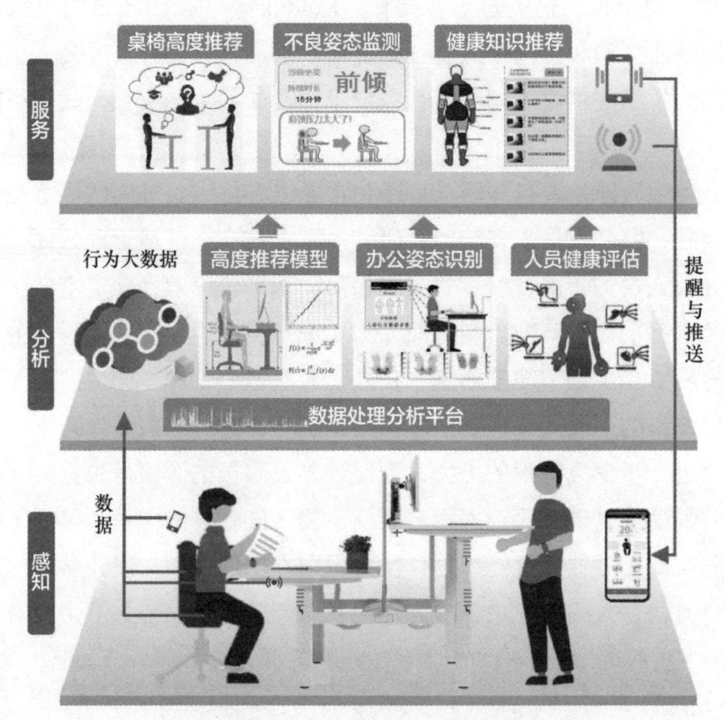


图 7-4　面向办公人员肌肉骨骼健康的智慧健康办公工位技术框架

（1）感知。一方面，采用无感检测的方式获取办公人员在工位活动的行为数据，即构建与办公设施相结合的多源传感网，以不依赖可穿戴设备、不干扰办公人员日常工作、不侵犯隐私的形式检测用户行为；另一方面，通过智能终端获得办公人员部分非敏感性的个人信息（如身高、体重、年龄等）。本研究团队已初步构建部署于办公设施的无感检测的多源传感网，分别在办公椅上布置压力阵列传感器收集人在座椅接触面的体压分布数据，在办公桌上布置红外传感器检测办公人员的在座状态。无感检测的多源传感网如图 7-5 所示。两种模态的数据通过无线传输的方式传送至分析平台。

图7-5　无感检测的多源传感网

（2）分析。在数据分析平台中进行数据清洗、降维、集成等操作，为智能分析提供可靠的数据。分析最为关键的是智能分析方法，如桌椅高度推荐方法、办公姿态识别方法和办公人员健康评估方法。基于压力数据的姿态识别方法如图7-6所示。

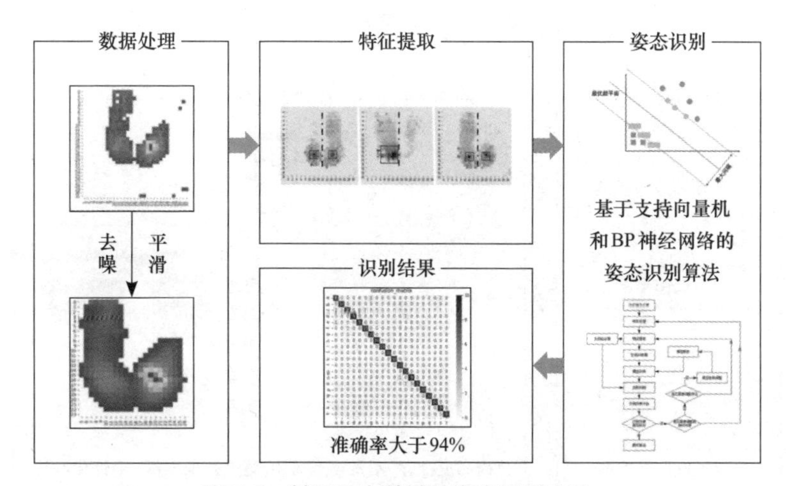


图7-6　基于压力数据的姿态识别方法

首先对压力数据及红外数据进行归一化、去噪、平滑等预处理操作，然后提取特征。针对压力数据，本案例征集了20位办公人员，共采集16000个体压数据样本，采用支持向量机和BP神经网络等算法识别办公人员的姿态，目前可以识别8种常见姿态（见图7-7），识别准确率达94%以上。综合红外数据对办公人员在座状态（如坐、站、离开）的实时判别，获得办公人员的部分行为数据。在长期的办公过程中，智能终端互联将积累大量的数据，最终形成办公人员行为大数据，在进一步研究中考虑用户群体的个体特征和行为习惯。

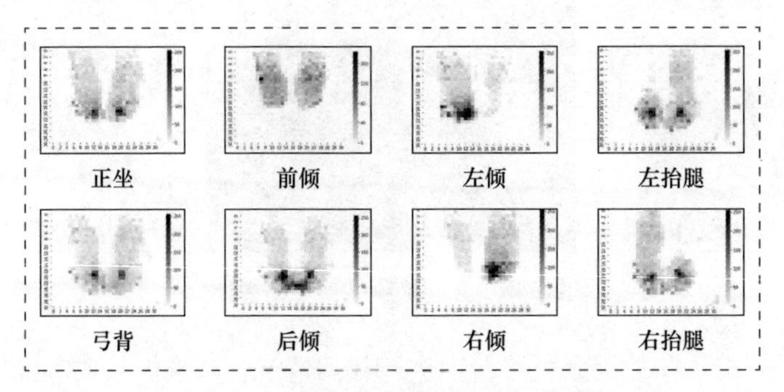


图 7-7　8 种常见姿态的压力数据图

（3）服务。利用数据分析和计算结果为办公人员提供促进肌肉骨骼健康服务，包括桌椅高度推荐、不良姿态监测和健康知识推荐等，本团队设计开发的个性化健康服务 App 原型如图 7-8 所示。

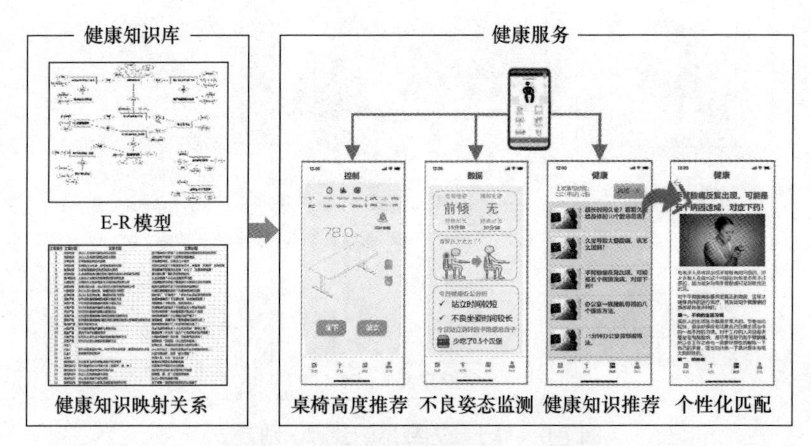


图 7-8　个性化健康服务 App 原型

桌椅高度推荐服务通过识别办公人员的坐、站状态，结合智能终端获取的用户个人信息数据，分析用户的个体特征及使用需求，推荐合适的办公桌面高度和椅面高度，通过 App 反馈给用户，用户确认需求之后，自动控制智能升降桌，使办公人员切换坐姿和站姿时无须操控，升降桌自动达到合适的高度。不良姿态监测服务通过多源传感网监测用户的办公姿态，利用手机 App 和升降桌智能控制面板实时提醒办公人员，帮助其意识到自己的行为不利于健康，及时做出相应调整。健康知识推荐服务是通过长期积累的用户坐姿特点、久坐时长和行为习惯等信息，分析其身体健康状况，根据用户确认的身体各部位不适情况，针对性匹配有助于改善健康的知识，使健康推荐服务更加个性化。

总的来说，所构建的智慧健康办公工位可以个性化调节产品的参数设置，以及通过手机App提供实时的产品服务和个性化推荐，为办公人员预防肌肉骨骼健康问题带来切实的帮助，具有一定的应用潜力。

本团队基于办公设施的压力和红外传感网提供了一套低成本的办公行为无感检测方案，可以避免采用图像识别技术面临的部分遮挡问题，以及办公人员关注的隐私问题。需要注意的是，当前算法对常见姿态逐个识别准确率较高，但在姿态反复变换过程中的识别鲁棒性有待提升。此外，在实际办公场景下，考虑到数据传输负载和数据安全问题，可以采用云-边-端协同架构。智慧健康办公工位不仅可以在用户与智能产品的持续交互过程中对用户的不健康行为进行干预，还具备服务产品的更新迭代和再设计的潜力。

## 7.6　小结

基于以人为本的理念，分析了智慧健康办公的概念和系统的组成要素。从HCPS视角，研究传统健康办公向智慧健康办公发展的规律，提出了智慧健康办公实时性、个性化、数据驱动、多学科融合的特点，阐述了智慧健康办公的发展是新一代信息技术与健康办公领域深度融合的必然趋势。研究表明，智慧健康办公的关键在于借助计算机、通信、控制、人工智能等技术，在办公的过程中为办公人员提供主动、适时、个性化的智慧健康服务，使其保持健康的状态。在此基础上，从人、物理系统、信息系统三个维度，讨论了智慧健康办公的研究框架，并围绕办公人员久坐行为管理和慢性压力管理分析了相关研究的发展方向，突出了多学科交叉在智慧健康办公领域的特点。最后，以面向办公人员肌肉骨骼健康的智慧健康办公工位为例，从感知、分析、服务三个层面介绍了具体的技术实现途径和阶段性研究成果。

# 参考文献


[1] 朱迪. 白领、中产与消费——当代中产阶层的职业结构与生活状况[J]. 北京工业大学学报（社会科学版），2018, 18(3): 1689-1699.

[2] REN X, YU B, LU Y, et al. LightSit：An unobtrusive health-promoting system for relaxation and fitness microbreaks at work[J]. Sensors(Switzerland), 2019, 19(9): 1-18.

[3] 健康中国行动推进委员会. 健康中国行动（2019—2030年）[EB/OL]. (2019-07-15)[2021-10-25]. http: //www.gov. cn/xinwen/2019-07/15/content_5409694.htm.

[4] KÜHN S, RIEGER U M. Health is a state of complete physical, mental and social well-being and not merely absence of disease or infirmity[J]. Surgery for Obesity and Related Diseases, 2017, 13(5): 887.

[5] CLEMENTS-CROOME D. Creative and productive workplaces: A review[J]. Intelligent Buildings International, 2015, 7(4): 164-183.

[6] GLANZ B I, DÉGANO I R, RINTELL D J, et al. Work productivity in relapsing multiple sclerosis: Associations with disability, depression, fatigue, anxiety, cognition, and health-related quality of life[J]. Value in Health, 2012, 15(8): 1029-1035.

[7] JENSEN P A, VAN DER VOORDT T J M. Healthy workplaces: What we know and what else we need to know[J]. Journal of Corporate Real Estate, 2020, 22(2): 95-112.

[8] SHIKDAR A A, AL-KINDI M A. Office ergonomics: Deficiencies in computer workstation design[J]. International Journal of Occupational Safety and Ergonomics, 2007, 13(2): 215-223.

[9] FOLEY B, ENGELEN L, GALE J, et al. Sedentary behavior and musculoskeletal discomfort are reduced when office workers trial an activity-based work environment[J]. Journal of Occupational and Environmental Medicine, 2016, 58(9): 924-931.

[10] THATCHER A, MILNER K. Changes in productivity, psychological wellbeing and physical wellbeing from working in a ‘green’ building[J]. Work, 2014,

49(3): 381-393.

[11] VIMALANATHAN K, BABU T R. The effect of indoor office environment on the work performance, health and well-being of office workers[J]. Journal of Environmental Health Science and Engineering, 2014, 12(1): 1-8.

[12] KELLOWAY E K, DAY A L. Building healthy workplaces: What we know so far[J]. Canadian Journal of Behavioural Science, 2005, 37(4): 223-249.

[13] WU J, YOU J. An empirical study on the effect of organizational citizenship behavior on subjective well-being and job performance[C]//The 11th International Conference on Services Systems and Services Management. Beijing: IEEE, 2014: 1-4.

[14] MARIKYAN D, PAPAGIANNIDIS S, ALAMANOS E. A systematic review of the smart home literature: A user perspective[J]. Technological Forecasting and Social Change, 2019, 138: 139-154.

[15] SHAHZAD S, HUGHES B, CALAUTIT J K, et al. Computational and field test analysis of thermal comfort performance of user-controlled thermal department in an open plan office[J]. Energy Procedia, 2017, 105: 2635-2640.

[16] PAPAGIANNIDIS S, MARIKYAN D. Smart offices: A productivity and well-being perspective[J]. International Journal of Information Management, 2020, 51: 102027.

[17] ZHAO Q, ZHAO Y, WANG F, et al. A data-driven method to describe the personalized dynamic thermal comfort in ordinary office environment: From model to application[J]. Building and Environment, 2014, 72: 309-318.

[18] REIJULA J, GRÖHN M, MÜLLER K, et al. Human well-being and flowing work in an intelligent work environment[J]. Intelligent Buildings International, 2011, 3(4): 223-237.

[19] MUÑOZ S, ARAQUE O, FERNANDO SÁNCHEZ- RADA J, et al. An emotion aware task automation architecture based on semantic technologies for smart offices[J]. Sensors (Switzerland), 2018, 18(5): 1-20.

[20] ZHOU J, LI P, ZHOU Y, et al. Toward new-generation intelligent manufacturing[J]. Engineering, 2018, 4(1): 11-20.

[21] ZHOU J, ZHOU Y, WANG B, et al. Human- cyber-physical systems (HCPSs)

in the context of new- generation intelligent manufacturing[J]. Engineering, 2019, 5(4): 624-636.

[22] 王柏村，臧冀原，屈贤明，等. 基于HCPS的新一代智能制造研究[J]. 中国工程科学，2018, 20(4): 29-34.

[23] GIL M, ALBERT M, FONS J, et al. Designing human- in-the-loop autonomous cyber-physical systems[J]. International Journal of Human Computer Studies, 2019, 130: 21-39.

[24] LI P, LU Y, YAN D, et al. Scientometric mapping of smart building research: Towards a framework of human-cyber-physical system (HCPS)[J]. Automation in Construction, 2021, 129: 103776.

[25] ØVERÅS C K, VILLUMSEN M, AXÉN I, et al. Association between objectively measured physical behaviour and neck- and/or low back pain: A systematic review[J]. European Journal of Pain, 2020, 24(6): 1007-1022.

[26] LEE B, SHIN J, BAE H, et al. Interactive and situated guidelines to help users design a personal desk that fits their bodies[C]//Proceedings of the 2018 Designing Interactive Systems Conference. Hong Kong: Association for Computing Machinery, 2018: 637-650.

[27] FEWSTER K M, MAYBERRY G, CALLAGHAN J P. Office chair backrest height affects physiological responses to sitting[J]. IISE Transactions on Occupational Ergonomics and Human Factors, 2020, 8(1): 50-59.

[28] SAKO S, SUGIURA H, TANOUE H, et al. Electromyographic analysis of relevant muscle groups during completion of computer tasks using different computer mouse positions[J]. International Journal of Occupational Safety and Ergonomics, 2017, 23(2): 267-273.

[29] CÔTÉ J N. A critical review on physical factors and functional characteristics that may explain a sex/gender difference in work-related neck/shoulder disorders[J]. Ergonomics, 2012, 55(2): 173-182.

[30] SAKELLARIS I A, SARAGA D E, MANDIN C, et al. Perceived indoor environment and occupants′ comfort in European “Modern” office buildings: The OFFICAIR study[J]. International Journal of Environmental Research and Public Health, 2016, 13(5): 444-459.

[31] Brown F M. Rhythmicity as an emerging variable for psychology[M]//Rhythmic aspects of behavior. New York : Routledge, 2020: 3-38.

[32] 刘洋，张圆，张芮宁. 健康环境视角下开放式办公空间声环境问题及影响[J]. 科学通报，2020, 65(6): 511-521.

[33] BARRESE E, GIOFFRÈ A, SCARPELLI M, et al. Indoor pollution in work office: VOCs, formaldehyde and ozone by printer[J]. Occupational Diseases and Environmental Medicine, 2014, 02(03): 49-55.

[34] ZHANG R, CAMPANELLA C, ARISTIZABAL S, et al. Impacts of dynamic led lighting on the well-being and experience of office occupants[J]. International Journal of Environmental Research and Public Health, 2020, 17(19): 1-27.

[35] BABETTE B. Smart offices[D]. Netherland: Utrecht University, 2019.

[36] 王柏村，易兵，刘振宇，等. HCPS视角下智能制造的发展与研究[J]. 计算机集成制造系统. 2021, 27(10): 2749-2761.

[37] SKI C F, THOMPSON D R, CASTLE D J. Trialling of an optimal health programme (OHP) across chronic disease[J]. Trials, 2016, 17(1): 1-5.

[38] GRIFFITHS K L, MACKEY M G, ADAMSON B J. Behavioral and psychophysiological responses to job demands and association with musculoskeletal symptoms in computer work[J]. Journal of Occupational Rehabilitation, 2011, 21(4): 482-492.

[39] ZHANG X, ZHENG P, PENG T, et al. Advanced engineering informatics promoting employee health in smart office: A survey[J]. Advanced Engineering Informatics, 2022, 51: 101518.

[40] OWEN N, SPARLING P B, HEALY G N, et al. Sedentary behavior: Emerging evidence for a new health risk[J]. Mayo Clinic Proceedings, 2010, 85(12): 1138-1141.

[41] HUANG Y, BENFORD S, BLAKE H. Digital interventions to reduce sedentary behaviors of office workers: Scoping review[J]. Journal of Medical Internet Research, 2019, 21(2): 11079.

[42] BERNINGER N M, TEN HOOR G A, PLASQUI G, et al. Sedentary work in desk-dominated environments: A data-driven intervention using intervention mapping[J]. JMIR Formative Research, 2020, 4(7): 14951.

[43] ALBERDI A, AZTIRIA A, BASARAB A, et al. Using smart offices to predict occupational stress[J]. International Journal of Industrial Ergonomics, 2018, 67: 13-26.

[44] KOLDIJK S, NEERINCX M A, KRAAIJ W. Detecting work stress in offices by combining unobtrusive sensors[J]. IEEE Transactions on Affective Computing, 2018, 9(2): 227-239.

[45] LAWANOT W, INOUE M, YOKEMURA T, et al. Daily stress and mood recognition system using deep learning and fuzzy clustering for promoting better well-being[C]//2019 IEEE International Conference on Consumer Electronics. Bangkok, Thailand: IEEE, 2019: 1-6.

[46] KOLDIJK S, KRAAIJ W, NEERINCX M A. Deriving requirements for pervasive well-being technology from work stress and intervention theory: Framework and case study[J]. JMIR mHealth and uHealth, 2016, 4(3): 1-35.

# 第8章 增强现实技术辅助的互认知人机安全交互系统①

## 8.1 引言

工业机器人作为现代制造业的重要生产装备，被广泛应用于机械加工、焊接、搬运等各个环节[1]。在传统的人和机器人分离的制造模式下，使用机器人完成预编程、自动化程度较高的任务，极大地提高了生产效率。随着市场需求越来越多样化，制造模式也由原来的大批量生产，向多品种、小批量生产转变[2]，并要求企业更加高效灵活地应对市场需求，缩短生产周期，降低生产成本。然而，基于预编程的机器人设备虽然自动化效率高，但是配置时间长且缺乏柔性能力，无法自适应地满足定制化生产的要求。针对这些挑战，融合机器人自动化与人类操作者认知能力的人机协作研究为业界人员提供了解决方案[3-5]。

目前，国际上的主要制造大国和研究机构均进行了人机协作的相关研究，例如，欧盟的工业5.0制造模式和中国的“面向2035的中国智能制造发展战略”，人机共融下的协作是实现智能制造转型的关键推力[6-7]。2015年以来，协作机器人不断涌现，据统计报告，自2021年以来，协作机器人的全球营收额将同比增长18.8%，至2028年，将实现全球19.4亿美元的估值，占据机器人总市场份额的15.7%。其中，物料搬运、装配和取放是协作机器人的主要用途，在这些场景中，操作者和协作机器人可以进行协同制造任务，实现柔性自动化生产[8]。

① 本章原文2023年在线首发于《机械工程学报》CNKI网络版，作者为郑湃、李成熙、殷悦、张荣、鲍劲松、王柏村、谢海波、王力翚，收录本书时略有修改。

新一代协作机器人打破了原本人机隔离的工作模式，与人共享工作空间[9-11]。因此，在实现良好的人机协作之前，确保人的安全是第一要素，也是以人为本的智能制造的重要体现[12-13]。为确保人的安全，避免意外碰撞，交互机器人必须满足安全设计准则，如ISO 10218-2[14]和ISO/TS 15066[15]；同时，随着生产制造的规模化和复杂化，传统的基于固定规则的机器人安全防护控制策略已经不能满足当前的安全需求，越来越多的研究学者将增强现实技术和深度强化学习应用到人机交互中[16-18]。人对自动化设备的信任是人机交互的基础[19]，基于物联网的增强现实技术可以将虚拟信息叠加在真实世界的视野中，增强人对现场环境的感知和认知能力，而且能够把人的信息集成到系统内，实现信息的实时通信和双向传递[20-21]。同时，通过深度强化学习算法进行路径规划、规避障碍，可以有效提高机器人的认知决策能力，在保证安全策略的有效性前提下，尽可能兼顾安全系统的灵活性和效率[22]。

由于操作者和机器人共享同一作业空间，人机交互会面临更多的不确定性的工作环境[23-24]。目前在生产制造场景下的人机交互领域中，缺乏人机双向协同的安全交互策略。针对以上问题，提出人机互认知的框架。该框架通过增强现实技术，增强操作者对生产环境的认知能力；利用传感设备提取工人信息和周围环境的信息，并进一步通过深度强化学习算法驱动机器人基于认知的自主决策。结合人机互认知的框架，人和机器人的安全交互将不局限于初步的简单的感知，而是通过感知自我动态调整，从而达到更好的交互。基于可穿戴增强现实设备实现互认知的多层次递进式的安全人机交互策略主要从以下三个方面做出贡献：一是设计了距离–速度机器人控制和安全区域可视化方法；二是提出了虚实映射的运动预览和碰撞检测方法；三是结合上述两项安全交互策略，实现了基于深度强化学习算法驱动的机器人主动安全策略。

## 8.2 国内外研究现状

笔者从智能制造领域中的人机安全交互角度概述国内外的研究现状。根据人机交互中安全认知的对象不同，我们分别分析了人通过增强现实设备增强生产安全认知方面的工作和机器人通过深度学习增强生产安全认知方面的工作。

### 8.2.1 人机安全交互

人机安全交互指机器人即将或已经与周围人员发生接触后所采取的保护性措施，分为无意识的意外碰撞和有意识的主动接触两种[25]。Ikuta 等[26]提出了两种安全策略，即设计安全和控制安全。设计安全是通过机器人本身的结构设计保证安全，如末端执行器的安全保护设计[27]；控制安全是通过算法设计进行接触前预防、接触后感知和主动决策[23]保证安全。

针对新一代协作机器人的交互安全准则，国际标准化组织发布了技术规范ISO 10218-2[14]和ISO/TS 15066[15]，提出了四种人机协作操作类型，通过限制机器人运行速度、功率和力来保证人机安全交互。其中，可以根据机器人和人的运动速度，计算出人机最小安全距离，如果人机距离小于人机最小安全距离，机器人必须停止工作。同时，给出了协作机器人功率和力限制的具体阈值，降低意外碰撞后人体疼痛程度，像KUKA iiwa、Fanuc CR-35iA等协作机器人在设计时都遵循了这项规范。

最重要的是通过主动预防避免无意识的意外碰撞。主动预防的人机交互方法分为两类。一类方法是划定机器人工作区，并在人进入机器人工作区后，对机器进行降速或停机。例如，Zardykhan 等[28]提出了一种在保持目标路径不变的情况下，机器人根据碰撞危险程度按比例减速的调速方法，相对于简单的停止，平滑的速度调制缩短了停机时间。Wang 等[29-30]提出将人体的生理差异纳入安全策略的新方法，根据操作者身高、体重、不同身体区域等生物特征数据，基于人和机器人的实时速度，动态地限制机器人的运动速度，从而控制机器人传递给人体的最大能量。

另一类方法是让机器人学会主动避让人类，动态规划运动路线。相比于传统的在静态环境下的避障算法，人机交互因其动态性和复杂性，要求路径规划算法必须准确、快速和实时，这对传统算法提出了新的挑战。禹鑫燚等[31]采用在工作空间中配备多个相机，让人类穿戴IMU设备的方法，对人体姿态建模，并在虚拟环境中实时监控机器人和人之间的距离。当人机距离过近时，通过改进人工势场法算法，对机器人运动路径进行调整而避开人类。但由于人缺乏对自身状态的正确认知，可能会在不自知的情况下侵入机器人的工作空间，对机器人的工作造成不必要的影响。

总的来说，为确保人机安全交互，应考虑安全系统的工作效率和灵活性，并实现人机互认知安全协作。目前阶段，人机安全工作停留在机器人或者人的单向认知，缺乏人机之间的双向认知，即机器人具备感知周围环境和认知决策的能力，动态规避人类；同时，增强人对工作环境的认知能力，明确潜在危险。

### 8.2.2 增强现实下的人机安全认知

为了实现更灵活和更具交互性的制造模式，增强现实技术提供了人和数字化世界交互的接口，被广泛地应用于人机合作[32-33]。

增强现实技术利用虚实融合的性质，为操作者提供现场环境感知能力，有助于减少人的脑力工作量和信息处理的压力[34]。传统的基于增强现实技术的人机安全交互设计方法将二维信息投影到地面或操作台上[35]。例如，Vogel等[36]提出基于投影和摄像的方法，在人机交互时，机器人矩形安全空间会以线条的形式投影到地面，以告知人类主动避让。

随着技术的发展，头戴式增强现实设备成为制造领域最主流的增强现实设备[16]。Hietanen等[37]设计了基于深度感知的人机合作共享空间模型，针对固定机架机械臂，实时计算机器人的工作空间，并将其以2D投影和3D头戴增强现实眼镜这两种方式展现给操作者。Panastasiou等[38]提出基于增强现实技术的人机协作装配，当机器人在危险区工作时，可以通过视觉和音频警告操作者，同时，按操作者的需要在增强现实设备的视野中可视化各个工作区域。Siew等[39]在增强现实设备中引入触觉支持，增加增强现实系统的有形感，结合视觉、听觉、触觉，向用户呈现各种维修信息和说明，提高用户的工作效率，保证用户的安全。

基于物联网的增强现实技术将人的状态集成到系统中，有助于实现人机信息的实时通信和双向传递，增强人机互认知。Jost等[40]针对移动机器人提出基于增强现实技术的人机安全交互方法，在自动化仓库中通过增强现实眼镜将周围机器人的位置告知人，即使机器人隐藏在视线之外，也可及时感知，并通过给人类穿戴安全背心定位，让机器人和人互相感知对方的位置并规划无碰撞路径。

将增强现实技术应用于人机交互中，可增强人对现场的感知能力。然而，目前基于增强现实技术的安全应用主要是将危险提示信号通过视觉信号或者听觉信号对操作者进行提示，仅少量工作考虑提前感知预警。同时，目前工作仍缺少对人机安全行为认知的应用，无法令操作者认知到安全隐患具体的表征，增强现实设备仅仅提示操作者感知潜在危险，并不利于操作者了解具体潜在的危险和如何采取相应的处理措施。

### 8.2.3 深度学习下的人机安全认知

在机器人控制中，基于深度学习和强化学习的运动避障的算法主要针对碰撞前环境感知和机器人避障控制两个阶段。在碰撞前环境感知的机器人应用中，李浩等[41]提出利用双目相机配合深度学习识别人体关键点位置的方法，并通过在机器人关节处贴标签来识别机器人位置，从而计算人机安全距离。基于此方法搭建数字孪生平台，实时监控人机交互从而预警。Lin等[42]提出基于力感知的深度策略梯度强化学习算法。此算法中，环境感知（观测值）来自基于触觉和力/扭矩传感器。这样的设计避免了机器人采用非常规方法完成任务，触觉和力传感器的使用增强了强化学习模型在仿真环境中的学习能力，减少潜在碰撞的发生。

对于感知后的决策，即机器人避障控制算法，一直是机器人运动规划中的一个重要问题。传统基于运动学的运动规划算法存在模型复杂、计算量大、实时性差且难以迁移的缺点[43]。因此，越来越多的研究者将深度学习和无模型强化学习算法引入机器人避障运动规划。Sangiovanni等[44]提出基于归一化优势函数无模型的深度强化学习方法，将传统的离散动作空间的强化学习算法DQN应用到连续动作中，从而实现在虚拟环境中机器人对随机移动障碍物的规避。但是该算法只考虑人和机器人末端效应器的碰撞，并不包括机器人手臂。而且，该算法仅仅在虚拟环境中进行了训练和实验，虽然解决了深度学习难以获取大量训练数据的问题，但无法保证部署真实环境下的系统依然能安全运行。Liu等[43]将避障问题的研究重心放在奖励函数的设计上，在DDPG算法中引入奖励函数优化方法，将人工设计的奖励函数和内在奖励函数结合，使机器人可以动态规避人的右手臂。

从目前的研究结果来看，深度学习和强化学习算法在驱动机器人完成运动规划、规避障碍的任务中，可以有效提高机器人的响应速度、适应性和灵活性。与此同时，由于模拟器建模与真实环境的差别，机器人设计的物理模型不够准确，且基于深度学习在真实环境下提取环境信息的困难，以及感知手段布置的难度，使此类系统的实际部署目前尚处于起步阶段。

## 8.3 人机交互系统的互认知框架设计

在人机安全交互应用中，根据人机交互的时间顺序，我们可以将人机安全交互问题分为接触前的安全预警和接触后的感知保护。针对接触前的安全预警，我们提出并设计了基于可穿戴增强现实环境感知设备的互认知人机安全交互系统（见图8-1）。在系统中，可穿戴增强现实环境感知设备作为人机的中继交互节点，将作业空间感知、环境数据收集、机器人运动决策、虚拟环境模型映射等功能集成在同一设备上，从而提高了系统的易用性和有效性。

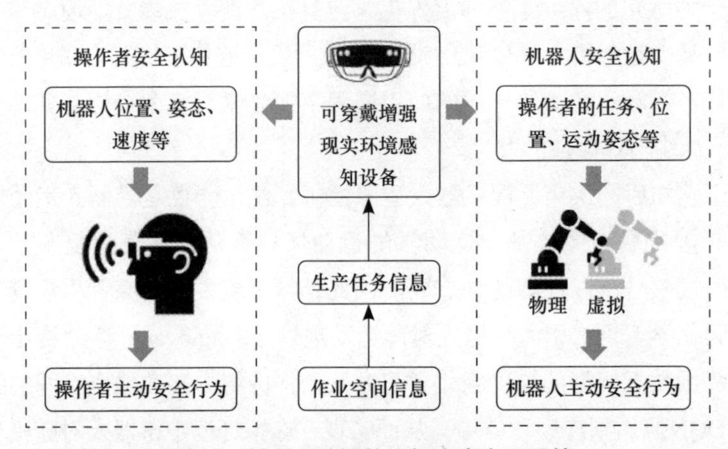


图8-1　基于互认知的人机安全交互系统

在此之前，利用增强现实技术虚实结合的特性，我们参照实际生产环境设计了虚拟作业环境，并载入增强现实显示设备使生产场景产生实时虚实映射。基于映射关系，操作者的实时动态信息和生产环境信息可以不断在虚拟场景中同步，实现生产环境的虚实融合和环境感知的以虚代实。

从操作者认知的角度，操作者通过系统的可视化辅助设备提高对生产场景和制造设备的认知，即操作者佩戴增强现实设备后，目标视野中除了物理机器人，还会投影出一个与物理机器人重合的半透明虚拟机器人。在物理机器人执行运动之前，虚拟机器人会提前为操作者提供运动预览且不影响观察物理机器人，为操作者在安全层面和控制层面提供认知辅助；不仅如此，基于原本的物理生产场景，通过在视野中增加安全区域提示，让操作者直接地认知到机器人的工作范围和运行速度，从而提高操作者自我安全保护意识。

从机器人认知的角度，机器人在执行常规生产制造任务的同时，在感知层面可以通过增强现实设备或者其他外接传感设备对操作者信息和环境信息进行数据收集和检测，并通过智能学习算法分析决策，从而主动采取相关的安全措施，主要包括速度控制、避障规划、保护性停止等。

在人机安全交互系统中，基于可穿戴增强现实设备，我们采取了递进式的机器人主动安全策略，该策略按照以下顺序依次执行。

（1）安全距离-速度调控。在增强机器人的认知方面，通过增强现实设备的信号感知物理世界中人机实时距离并调整运动速度。当操作者出现在机器人工作区域时，随着机器人与操作者的距离逐渐减小，机器人运行速度会相应地降低。在增强人的认知方面，视觉上会通过增强现实设备可视化人机距离的同心圆，并通过投影到地面的视觉标记提醒操作者，同时辅以不同的声音警报提示相应的危险等级。

（2）虚拟机器人运动预览与碰撞检测。在人机交互的制造任务中，当机器人接收到任务指令后，虚拟机器人率先执行规定任务的运行轨迹，提供运动预览，帮助操作者确认是否为需要的机器人动作，以及是否存在与环境中动态或静态障碍物发生碰撞的可能。当在预览中没有碰撞发生时，一定时间延迟后（参考值为1.5秒[47]）便驱动物理机器人运动至预定轨迹的下一目标点。同时，在物理机器人开始运动后，增强现实设备会控制虚拟机器人不断重复检测机器人的运动轨迹中可能存在的动态障碍物，直到机器人达到最终目标点（见表8-1）。这样不仅为操作者提供直观的演示，也为机器人执行的运动规划算法提供预警机制，确保系统的安全性和稳定性。

### 表 8-1　算法 1 伪代码

**算法 1：基于人机交互中信息互认知的主动安全策略**

**输入：**

| | |
|---|---|
| $P_{human}$ | 操作者位置姿态信息 |
| $P_{start}$ | 机器人起始位置姿态信息 |
| $P_{end}$ | 机器人目标位置姿态信息 |
| $P_{curr}$ | 机器人当前的位置姿态信息 |
| Traj($P_{start}$, $P_{end}$) | 机器人轨迹的姿态位置集合 |

**输出：**

机器人运动策略 θ

1: 初始化：

| | |
|---|---|
| obs | 环境观测值 |
| $h_θ$(obs) | 基于强化学习的避障决策函数，输出为规划的路径 |
| $Agent_{phys}$ | 物理机器人 |
| $Agent_{virtual}$ 虚拟机器人 | |
| has_conflict(Traj($P_{start}$, $P_{end}$)) | 虚拟碰撞检测函数，检测输入轨迹中是否存在碰撞 |
| dist_vel($P_{human}$, $P_{origin}$) | 基于人机距离的速度控制函数 |

2:

虚拟-物理机器人追踪注册，虚实坐标系注册转换关系确定

3: $Agent_{virtual}$ 目前姿态位置 $P_{curr}$ ← $Agent_{virtual}$ 起始姿态位置 $P_{start}$

4: $Agent_{phys}$ 目前姿态位置 $P_{curr}$ ← $Agent_{phys}$ 起始姿态位置 $P_{start}$

5: **for** $P_{step}$ **in** 运动轨迹 Traj($P_{start}$, $P_{end}$) **do**

6:     // 虚拟机器人碰撞预览

7:     $Agent_{virtual}$ 遍历轨迹集合 Traj($P_{step}$, $P_{end}$) 至目标姿态 $P_{end}$

8:     **if** has_conflict(Traj($P_{step}$, $P_{end}$) == false **then**

9:         // 安全距离-速度调控

10:         $Agent_{phys}$ 运动速度 $vel_{rob}$ ← dist_vel($P_{human}$, $P_{curr}$)

11:         $Agent_{virtual}$ 运动 $P_{curr}$ ← $P_{step+1}$

12:         $Agent_{phys}$ 以速度 $vel_{rob}$ 运动至 $P_{curr}$ ← $P_{step+1}$

13:         **continue**

14:     **else**

15:         // 机器人避障规划

16:         In

17:         调用避障决策函数 $h_θ$(obs) 生成 $Traj_{避障}$($P_{step}$, $P_{end}$)

18:         **if** 碰撞检测函数 has_conflict(($Traj_{避障}$($P_{step}$, $P_{end}$)) == false **then**

19:             $Agent_{virtual}$ 目前姿态 $P_{curr}$ ← $P_{step+1}$

20:             $Agent_{phys}$ 运动速度 $vel_{rob}$ ← dist_vel($P_{human}$, $P_{curr}$)

21:             $Agent_{phys}$ 以速度 $vel_{rob}$ 运动 $P_{curr}$ ← $P_{step+1}$

22:             Traj($P_{step}$, $P_{end}$) ← $Traj_{避障}$($P_{step}$, $P_{end}$)

23:             **continue**

24:         **else**

25:             // 机器人保护性停止

26:             Agent_phys 保护性停止

27:         **end if**

28:     **end if**

29: **end for**

（3）机器人避障规划。当虚拟机器人通过上述碰撞检测机制检测到可能存在的碰撞时，便调用基于深度强化学习的运动避障控制策略为机器人规划出新的避障线路。当进行避障规划后，若机器人运行过程中仍可能与环境中物体发生碰撞，则机器人报警，执行保护性停止。若无碰撞，则驱动物理机器人运行。在实际的深度强化学习的部署过程中，可穿戴增强现实设备可以同时被作为机器人环境感知设备，提取操作者的动态信息和生产环境信息，实现强化学习算法与增强现实设备的有效结合，降低算法部署的难度，增加应用的广泛性。

## 8.4 安全策略实现与验证

延续上一节中提出的递进安全式的人机交互策略流程，我们将详细阐述具体策略的设计、实现过程及实验结果。在本工作中，所有实验使用的可穿戴平台均基于微软公司推出的HoloLens 2增强现实头戴设备及其附属配件。

### 8.4.1 机器人的虚实注册和工作环境的虚拟映射

为了虚实环境的对照和增强人对机器人运动状态的认知，我们利用增强现实设备，将虚拟机器人注册到物理机器人上，实现二者坐标系的配准和运动姿态的重合，从而让虚拟机器人可以准确代表物理机器人的运动状态，保证后续安全措施的有效性。

机器人的虚实注册采用基于物体模型特征跟踪注册求解方法，将虚拟机器人模型和物理机器人模型注册转换为旋转平移矩阵变换形式。

$$\begin{bmatrix} X_{\text{virtual}} \\ Y_{\text{virtual}} \\ Z_{\text{virtual}} \end{bmatrix} = \begin{bmatrix} R & T \\ 0 & 1 \end{bmatrix} \begin{bmatrix} X_{\text{real}} \\ Y_{\text{real}} \\ Z_{\text{real}} \\ 1 \end{bmatrix}$$

其中，$X_{\text{virtual}}$，$Y_{\text{virtual}}$，$Z_{\text{virtual}}$表示的是虚拟机器人在其坐标系的位置；$X_{\text{real}}$，$Y_{\text{real}}$，$Z_{\text{real}}$表示的是物理机器人在其基坐标系下的位置；$R$和$T$分别表示虚拟机器人和物理机器人之间的相对位置和姿态，$R$作为绕坐标轴旋转矩阵，$T$作为三维平移向量。

增强现实设备辅助注册下的机器人控制流程如图8-2所示，我们采用Vuforia插件完成增强现实设备对真实世界的机器人的图像采集和特征匹配，令虚拟机器人和物理机器人的基关节中心对齐，作为注册的虚实两个坐标系的原点，并求出对应的转换矩阵的值，更新虚拟机器人在真实世界中映射的三维坐标。

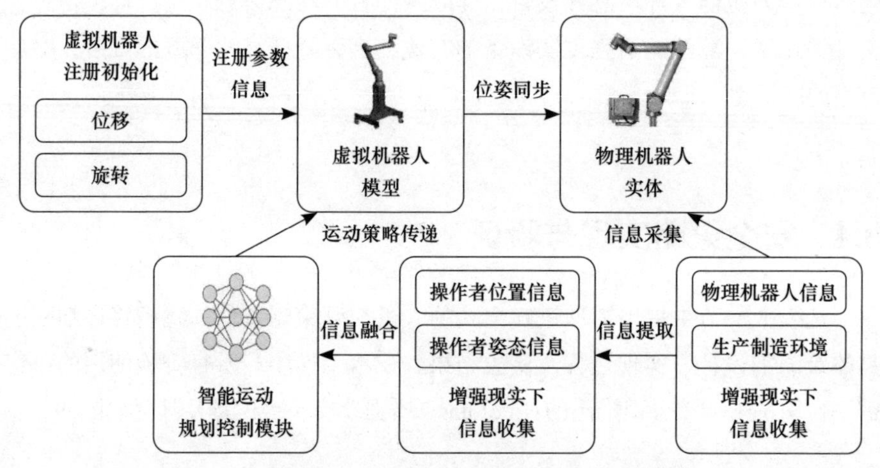


图 8-2　增强现实设备辅助注册下的机器人控制流程

除了机器人的虚实注册，操作者和工作环境也需要映射到虚拟生产环境中。通过深度强化学习进行的避障策略训练，极大地提高了训练的准确性，以及在真实环境中部署的可靠性。机器人周围的环境信息根据机器人虚实注册后的坐标系和相对位置进行设计和放置。

在完成机器人虚实注册和工作环境的虚拟映射后，实现了人机互认知的双向通信框架。操作者可以通过注册后的虚拟机器人动态地监测物理机器人的运动；同时，机器人通过增强现实设备在虚拟空间的定位和环境感知确定操作者的位置和行为，增强人机交互的直观性和可预见性，且虚拟环境也更加贴近现实。

### 8.4.2　基于人机距离的机器人速度控制和安全区域可视化

在实际部署中，机器人距离控制通常依赖外部传感手段，成本较高。基于人机距离的机器人速度控制方法，直接采用增强现实设备采集人机距离信息，当操作者佩戴增强现实设备进入机器人工作区域后，机器人可以通过感知操作者的距离，从而相应地调整运行速度。当人机距离逐渐减小时，机器人的运行速度也会调低，减小意外碰撞时人的受力；随着操作者远离机器人工作区域，机器人也可以自动恢复正常的运行速度。具体速度标准可参照ISO/TS 15066标准，在本书中速度值仅为参考值，具体的对应关系如下。

$$\text{dis\_vel}(P_{\text{ope}}, P_{\text{ori}}) = \begin{cases} 0.1V_{\text{full}}, & d_2(P_{\text{ope}}, P_{\text{ori}}) < d_{\text{danger}} \\ 0.4V_{\text{full}}, & d_{\text{danger}} < d_2(P_{\text{ope}}, P_{\text{ori}}) < d_{\text{safe}} \\ 100\%V_{\text{full}}, & d_{\text{safe}} > d_2(P_{\text{ope}}, P_{\text{ori}}) \end{cases}$$

其中，$P_{\text{ori}}$，$P_{\text{ope}}$分别表示在虚拟机器人坐标系中坐标原点和操作者的位置，代表的是两点的欧几里得距离函数；$V_{\text{full}}$代表机器人在正常工作下的速度；$d_{\text{danger}}$，$d_{\text{safe}}$分别代表人为设定的危险距离和预警距离。在实际部署中，机器人末端执行器线速度/加速度与距离关系如表8-2所示。

表 8-2　机器人末端执行器线速度 / 加速度与距离关系

| 项　目 | 安全区域 | 警告区域 | 危险区域 |
|---|---|---|---|
| 线 速 度 | 0.5m/s | 0.2m/s | 0.1m/s |
| 加 速 度 | 0.1m/s$^2$ | 0.05m/s$^2$ | 0.02m/s$^2$ |

在机器人基于人机距离调整速度的同时，为了增强人对周围环境的认知，我们以机器人为圆心，随着距离不同投影出不同颜色的安全区域。这样，每一个佩戴增强现实设备的操作者在面对目标机器人的时候，都会看到以同心圆形式投影到地面的视觉标记，并辅以不同的语音提醒，提示相应的危险等级。除此之外，在增强现实设备中同样为操作者提供了调整机器人运行速度的选项，以帮助操作者进行不同目的的工作（见图8-3）。基于上述人机交互中的速度-距离模式，在距离和速度安全策略上实现了人机互认知。

## 8.4.3　虚实映射的运动预览和碰撞检测

在人机交互的生产任务中，面对时间跨度较长或空间较小的机器人协作任务，规划出的路径仍可能出现意外碰撞。针对此类情况，我们通过虚实映射的运动预览和碰撞检测，进一步保证人机安全交互，除机器人对操作者的主动认知外，实现操作者对于机器人运动安全隐患的提前认知。

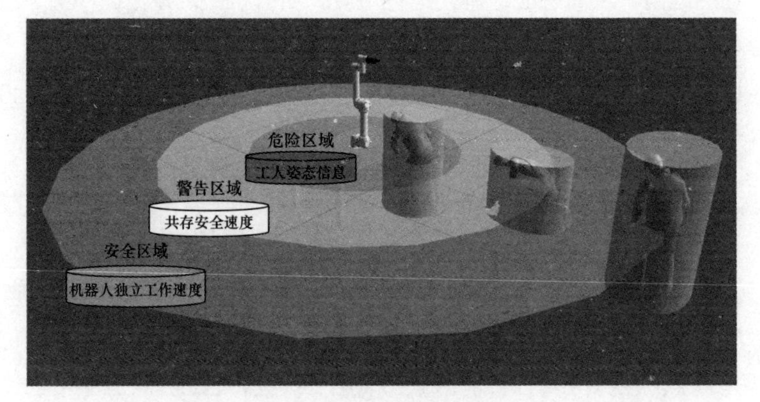


（a）系统功能示意图

（b）系统实际部署图

**图 8-3　基于距离的视觉增强现实提示和机器人速度控制**

我们实现的虚实映射的运动预览，是在物理机器人运动之前，虚拟机器人会预先执行规定运行轨迹，通过预览帮助操作者确认是否可能与环境中动态或静态障碍物发生碰撞。一旦预览到有可能发生碰撞，可以给人以反应的时间，及时规避危险。虚拟机器人为操作者进行运动预览时，机器人是保持静止状态等待预览完成。在整个预览过程中，根据轨迹长短不同会有相应的动画时间，结合不同的动画时长、人类反应时间、网络通信，以及操作时间，在动画结束后会留有大约1.5秒的时间供操作者打断物理机器人运动的执行。对于不同的任务类型、时间要求，上述时间设定均可以调整。

虚拟机器人在虚拟环境下，也会通过运动预览进一步检测是否发生碰撞。在物理机器人开始运动后，增强现实设备会不断更新物理机器人实时位置，并驱动虚拟机器人不断重复预览检测机器人的剩余运动轨迹中可能存在的动态障碍物，直到机器人达到最终目标点。

在生产制造领域，大规模的生产数据获取是困难的，相对于普通的生产数据，事故数据的样本更加稀少。因此，基于数据驱动的算法往往会因为数据的缺乏而无法获得良好的泛化性能，从而无法部署在生产制造环境中。我们从数据获取和事故预测的角度，结合游戏引擎中的碰撞检测机制和增强现实设备虚实注册的特性，首先通过增强现实设备，对环境中的固定设备或障碍物进行粗略建模，使虚拟空间中的静态障碍物模型与物理世界保持对应。同时，在实际交互过程中实时收集操作者的动态信息，确保碰撞检测的准确性。若在虚拟机器人运动预览中仍然发现潜在的碰撞，则会通过增强现实设备自动触发机器人保护停止，以免发生任何碰撞事故，算法 2 伪代码如表 8-3 所示，基于虚实映射的碰撞检测如图 8-4 所示。

**表 8-3　算法 2 伪代码**

**算法 2：基于虚实映射的碰撞检测流程**

**输入：**

机器人当前位置姿态信息 $P_{cur}$;

机器人目标位置姿态 $P_{tar}$;

运动轨迹位置姿态集合 $P_{traj}(P_{cur}, P_{tar})$;

**输出：**

碰撞状态 **has_conflict**

1: 根据障碍物形状和虚实对应的位置关系设计的障碍物模型 $O_{static}$

2: **for** 机器人位置姿态信息 **P** **in** $P \in \{P_{cur}, \ldots, P_{tar}\}$ **do**

3: 　　调用可穿戴增强现实设备检测动态障碍物信息（操作者人体）$O_{dynamic}$

4: 　　合并静态和动态障碍物空间信息

　　$O_{obstalces}\{O_{static_1}), \ldots, O_{static_n}), O_{dynamic}\}$

5: 　　**for** 障碍物信息 O **in** $O \in O_{obstalces}$ **do**

6: 　　　　**if** $||P-O|| \leqslant \varepsilon$ **then** //$\varepsilon$ 为碰撞检测阈值

7: 　　　　　　has_conflict = true

8: 　　　　　　**return** has_conflict

9: 　　　　**end if**

10: 　　**end for**

11: **end for**

12: has_conflict = false

13: **return** has_conflict

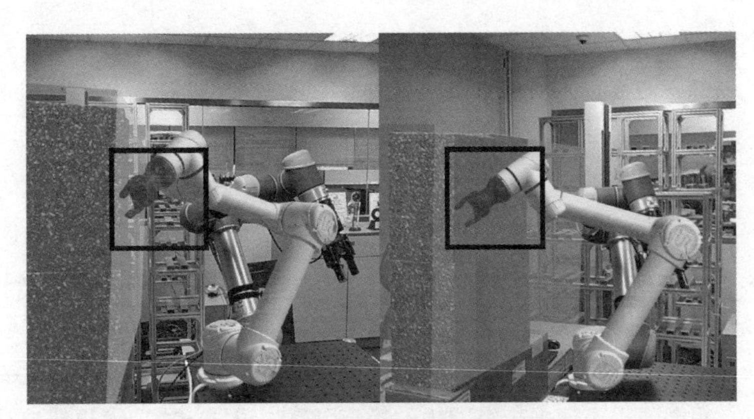

图 8-4　基于虚实映射的碰撞检测
（方框内代表存在碰撞危险的部位，在操作者视野中用红色标注）

### 8.4.4　深度强化学习驱动的机器人主动避障策略

尽管上述的距离监测机制会起到基本的保护作用，但是，在人机近距离交互时，操作者不可避免地会阻碍机器人的正常运动线路，从而影响机器人的安全运行。深度学习和强化学习增强了机器人对环境的感知能力和相应的决策能力，深度强化学习在生产制造领域和机器人控制领域得到广泛的应用，机器人智能体可以在与环境不断进行主动交互的过程中，通过强化学习算法学习相应的动作策略。因此，在基于人机互认知的安全策略中，采用了基于深度强化学习的方法训练机器人拥有实时检测障碍并调整运行路径的能力，以减小碰撞发生的可能性，保护操作者安全。

机器人强化学习训练场景如图 8-5 所示，除了通过增强现实辅助设备采集到的静态环境信息，还加入了动态障碍。长方体代表动态、随机出现的障碍物，球体代表机器人末端执行器的目标位置。我们将涉及人机交互的生产任务抽象成在深度强化学习框架下，机器人通过无碰撞规划运动到空间中某指定点的通用任务，即机器人避障运动规划。训练完成后，再将训练好的智能体部署到真实环境中。

深度强化学习通过控制智能体与环境交互并收集反馈相应信息，从而优化控制策略的学习方法。在算法优化控制策略的交互过程中，智能体不仅要考虑当前奖励，还要结合后续长期状态的累积奖励，从而找到一个最优策略使期望反馈最大化。

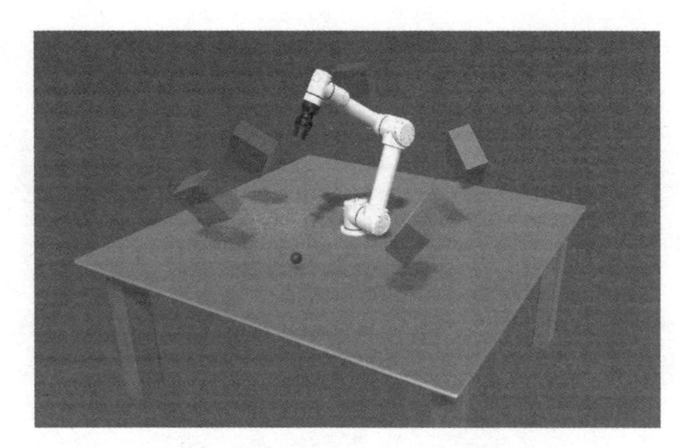

图 8-5　机器人强化学习训练场景

结合上述强化学习算法理论，深度强化学习算法在虚拟空间中对虚拟机器人智能体进行强化学习训练，训练完成后再驱动增强现实设备中与虚拟机器人注册的物理机器人，其中强化学习框架中的各项组成部分细节如下。

（1）动作空间。机器人与环境交互的动作空间，是虚实注册的物理机器人的各关节值变化的组合形成的姿态。

（2）奖励函数。反馈函数具体权重根据任务确定。

**运动目标奖励：**当机器人的末端效应器到达指定位置时，奖励函数给予正反馈。

**固定障碍惩罚：**机器人在运动到指定位置的过程中与固定障碍物（生产环境中设备）发生碰撞，奖励函数给予负反馈。

**操作者碰撞惩罚：**机器人在运动过程中与动态障碍物（操作者）发生碰撞，反馈函数给予负反馈。

（3）环境观测。环境观测指增强现实设备提取并映射至虚拟环境中的操作者信息，环境模型是目标相对机器人的位置，以及到目标点的相对位置组成的向量。同时，因为可穿戴增强现实设备对物理生产环境进行感知并构建对应的虚拟环境，所以机器人对空间位置感知并不受增强现实设备的视角限制。结合微软的混合现实工具包，我们通过增强现实设备的摄像头对操作者位置进行定位，对上肢信息进行进一步采集，并在三维虚拟空间构建虚拟物体模型，从而将机器人信息、人体躯干和上肢位置信息统一在虚拟环境下，使机器人能够对操作者的运动信息进行三维感知，从而完成机器人对操作者的认知。增强现实下的操作者手部信息提取如图 8-6 所示。

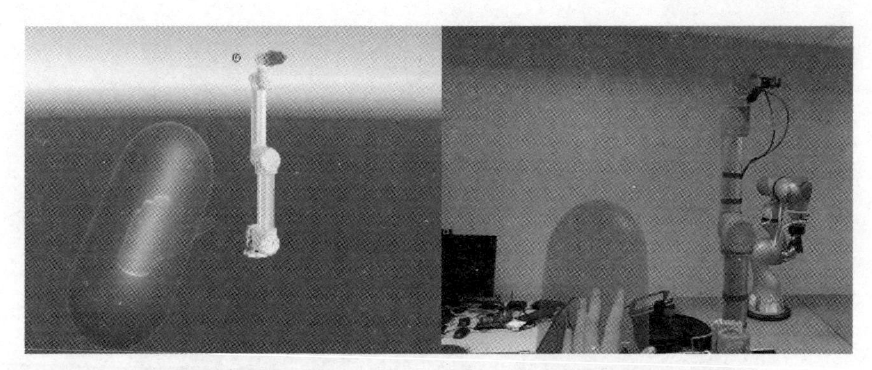

（a）手部检测示意　　（b）手部模型检测部署

图 8-6　增强现实下的操作者手部信息提取

在具体实践中，我们选择近端策略优化深度强化学习算法[45]作为优化算法，结合梯度下降法[46]增大运动目标奖励，减小障碍目标惩罚。机器人学习奖励曲线如图 8-7 所示。其算法验证均基于英特尔酷睿 I9-9980H 处理器和 32GB 内存的计算机，实验总耗时约 36 小时，从学习曲线可以看出，智能体在步时策略下能够收敛并达到较高奖励值（均值 2.85）和较好稳定性（标准差 0.549）。在测试场景中，我们随机采样了 1000 次任务，无碰撞的运动规划成功率达到 98.9%。最后，优化完成后的运动控制策略将部署在增强现实设备上驱动虚拟机器人（见图 8-8），进而通过无线通信控制与增强现实设备中虚拟机器人注册后的物理机器人，实现虚拟对现实的驱动。

在实际部署阶段，因为在虚拟环境中已经对机器人进行虚实跟踪注册，所以几乎无须调整地直接驱动物理世界的机器人，增强了机器人安全避障运动规划的可行性和可靠性。

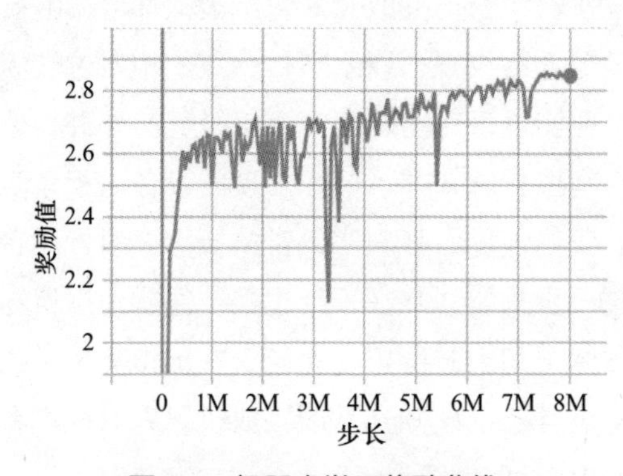


图 8-7　机器人学习奖励曲线

图 8-8　障碍物规避运动轨迹

## 8.5　小结

结合对目前生产制造领域中人机安全交互方法的分析，针对现有的安全策略的不足，设计并实现了基于增强现实技术的人机互认知安全交互系统。在系统中，首先以可穿戴增强现实设备作为媒介，设计了虚拟-物理映射的作业环境，实现了人机互认知的基本框架。同时，基于此框架，进一步提出了速度-距离控制、动态预览/碰撞检测和主动避障控制等多步混合安全交互策略，为实现人机共融的制造范式做出努力。

在本工作中的实验仅以初步验证可行性为目的，随着系统功能的逐步完善，安全系统将会拓展至更多类型的协作机器人和非协作机器人。与此同时，不仅将继续围绕物理安全防护算法的实时性和有效性展开相关研究，也会考虑人类工效学的因素，在保证物理安全的同时，优化操作者的交互体验。

## 参考文献

[1]　王田苗，陶永. 我国工业机器人技术现状与产业化发展战略[J]. 机械工程学报，2014, 50(9): 1-13.

[2]　陶飞，戚庆林. 面向服务的智能制造[J]. 机械工程学报，2018, 54(16): 11-23.

[3]　LI S, WANG R, ZHENG P, et al. Towards proactive human-robot collaboration: A foreseeable cognitive manufacturing paradigm[J]. Journal of Manufacturing Systems, 2021, 60: 547-552.

[4]　BI Z M, LANG S Y T, WANG L. Improved control and simulation models of a tricycle collaborative robot[J]. Journal of Intelligent Manufacturing, 2008, 19(6): 715-722.

[5]　BI Z M, WANG L. Dynamic control model of a cobot with three omni-wheels[J]. Robotics and Computer-Integrated Manufacturing, 2010, 26(6): 558-563.

[6]　BREQUE M, DE N L, PETRIDIS A. Industry 5.0: towards a sustainable, human-centric and resilient European industry[R]. Luxembourg, LU: European Commission, Directorate-General for Research and Innovation, 2021.

[7] “新一代人工智能引领下的智能制造研究”课题组. 中国智能制造发展战略研究[J]. 中国工程科学，2018, 20(4): 1-8.

[8] XIAO M. The collaborative robot market 2021–28: grounds for optimism after a turbulent two years[EB/OL]. (Jan.2021) [Oct.2021] https://www.interactanalysis.com/the-collaborative-robot-market-2021-28-grounds-for-optimism-after-a-turbulent-two-years/.

[9] KUMAR S, SAVUR C, SAHIN F. Survey of human–robot collaboration in industrial settings: awareness, intelligence, and compliance[J]. IEEE Transactions on Systems, Man, and Cybernetics: Systems, 2021, 51(1): 280-297.

[10] RODRÍGUEZ-GUERRA D, SORROSAL G, CABANES I, et al. Human-robot interaction review: challenges and solutions for modern industrial environments[J]. IEEE Access, 2021, 9: 108557-108578.

[11] VICENTINI F, ASKARPOUR M, ROSSI M G, et al. Safety assessment of collaborative robotics through automated formal verification[J]. IEEE Transactions on Robotics, 2020, 36(1): 42-61.

[12] 王柏村，黄思翰，易兵，等. 面向智能制造的人因工程研究与发展[J]. 机械工程学报，2020, 56(16): 240-253.

[13] 王柏村，薛塬，延建林，等. 以人为本的智能制造：理念、技术与应用[J]. 中国工程科学，2020, 22(04): 139-146.

[14] International Organization for Standardization. ISO 10218-2: 2011, Robots and robotic devices – Safety requirements for industrial robots – Part 2: Robot systems and integration[S]. Geneva, Switzerland: ISO, 2011.

[15] International Organization for Standardization. ISO/TS 15066: 2016, Robots and robotic devices-Collaborative robots[S]. Geneva, Switzerland: ISO, 2016.

[16] BAROROH D K, CHU C H, WANG L. Systematic literature review on augmented reality in smart manufacturing: Collaboration between human and computational intelligence[J]. Journal of Manufacturing Systems, 2021, 61: 696-711.

[17] GALLALA A, HICHRI B, PLAPPER P. Survey: the evolution of the usage of augmented reality in industry 4.0[C]//IOP Conference Series: Materials

Science and Engineering. United Kingdom: IOP Publishing, 2019: 521.
[18] EGGER J, MASOOD T. Augmented reality in support of intelligent manufacturing - a systematic literature review[J]. Computers & Industrial Engineering, 2020, 140: 106196.
[19] BAKER A L, PHILLIPS E K, ULLMAN D, et al. Toward an understanding of rrust repair in human-robot interaction: current research and future directions[J]. ACM Transactions on Interactive Intelligent Systems, 2018, 8(4): 1-30.
[20] TATIC D, TESIC B. The application of augmented reality technologies for the improvement of occupational safety in an industrial environment[J]. Computers in Industry, 2017, 85: 1-10.
[21] LI S, ZHENG P, ZHENG L. An AR-assisted deep learning-based approach for automatic inspection of aviation connectors[J]. IEEE Transactions on Industrial Informatics, 2020, 17(3): 1721-1731.
[22] SINGH B, KUMAR R, SINGH V P. Reinforcement learning in robotic applications: a comprehensive survey[J]. Artificial Intelligence Review, 2022, 55(2): 945-990.
[23] 贾计东，张明路. 人机安全交互技术研究进展及发展趋势[J]. 机械工程学报，2020, 56(3): 16-30.
[24] ZACHARAKI A, KOSTAVELIS I, GASTERATORS A, et al. Safety bounds in human robot interaction: A survey[J]. Safety Science, 2020, 127: 104667.
[25] 赵京，张自强，郑强，等. 机器人安全性研究现状及发展趋势[J]. 北京航空航天大学学报，2018, 44(7): 347-358.
[26] IKUTA K, NOKOTA M, ISHII H. Safety evaluation method of human-care robot control[C]//MHS2000. Proceedings of 2000 International Symposium on Micromechatronics and Human Science (Cat. No. 00TH8530). Japen: IEEE, 2000: 119-127.
[27] BI Z M, LUO C, MIAO Z, et al. Safety assurance mechanisms of collaborative robotic systems in manufacturing[J]. Robotics and Computer-Integrated Manufacturing, 2021, 67: 102022 (10pp).
[28] ZARDYKHAN D, SVARNY P, HOFFMANN M, et al. Collision

preventing phase-progress control for velocity adaptation in human-robot collaboration[C]//2019 IEEE-RAS 19th International Conference on Humanoid Robots (Humanoids). Toronto, Canada: IEEE, 2020: 266-273.

[29] WANG X V, WANG L. Safety strategy and framework for human–robot collaboration[M]// Advanced Human-Robot Collaboration in Manufacturing. Cham, Switzerland: Springer, 2021: 69-87.

[30] WANG X, WANG L. Safety strategy in the smart manufacturing system: a human robot collaboration case study[C]//International Manufacturing Science and Engineering Conference. New York, US. American Society of Mechanical Engineers, 2020: 84263

[31] 禹鑫燚，王正安，吴加鑫，等. 满足不同交互任务的人机共融系统设计[J]. 自动化学报，2022,48(09):2265-2276.

[32] WANG X V, WANG L. Augmented reality enabled human–robot collaboration [M]// Advanced Human-Robot Collaboration in Manufacturing. Cham, Switzerland: Springer, 2021:395-411.

[33] OZTEMEL O, GURSEV S. Literature review of industry 4.0 and related technologies[J]. Journal of Intelligent Manufacturing, 2020, 31(1): 127-182.

[34] ARBELÁEZ J C, VIGANÒ R, OSORIO-GÓMEZ G. Haptic augmented reality (HapticAR) for assembly guidance[J]. International Journal on Interactive Design and Manufacturing, 2019, 13(2): 673-687.

[35] GREEN S A, BILLINGHURST M, CHEN X Q, et al. Human-robot collaboration: a literature review and augmented reality approach in design[J]. International Journal of Advanced Robotic Systems, 2008, 5(1): 1-18.

[36] VOGEL C, WALTER C, ELKMANN N. Safeguarding and supporting future human-robot cooperative manufacturing processes by a projection-and camera-based technology[J]. Procedia Manufacturing, 2017, 11: 39-46.

[37] HIETANEN A, PIETERS R, LANZ M, et al. AR-based interaction for human-robot collaborative manufacturing[J]. Robotics and Computer-Integrated Manufacturing, 2020, 63: 101891 (9pp).

[38] PAPANASTASIOU S, KOUSI N, KARAGIANNIS P, et al. Towards seamless human robot collaboration: integrating multimodal interaction[J]. The

International Journal of Advanced Manufacturing Technology, 2019, 105(3): 3881-3897.

[39] SIEW C Y, ONG S K, NEE A Y C. A practical augmented reality-assisted maintenance system framework for adaptive user support[J]. Robot Computer Integrated Manufacturing, 2019, 59: 115-129.

[40] JOST J, KIRKS T, GUPTA P, et al. Safe human-robot-interaction in highly flexible warehouses using augmented reality and heterogenous fleet management system[C]//2018 IEEE International Conference on Intelligence and Safety for Robotics. Shengyang, China: IEEE, 2018: 256-260.

[41] 李浩，马文锋，文笑雨，等. 一种基于数字孪生的人–机交互安全预警与控制方法：中国，CN111563446A[P]. 2020-08-21.

[42] LIN N, ZHANG L, CHEN Y, et al. Reinforcement learning for robotic safe control with force sensing[C]//2019 WRC Symposium on Advanced Robotics and Automation (WRC SARA). Beijing, China: IEEE, 2019: 148-153.

[43] LIU Q, LIU Z, XIONG B, et al. Deep reinforcement learning-based safe interaction for industrial human-robot collaboration using intrinsic reward function[J]. Advanced Engineering Informatics, 2021, 49(12): 101360 (13pp).

[44] SANGIOVANNI B, RENDINIELLO A, INCREMONA G P, et al. Deep reinforcement learning for collision avoidance of robotic manipulators[C]//2018 European Control Conference (ECC). Limassol, Cyprus: IEEE, 2018: 2063-2068.

[45] SCHULMAN J, WOLSKI F, DHARIWAL P, et al. Proximal policy optimization algorithms [EB/OL]. 2017-08-28) [2021-10-03] https://arxiv.org/abs/1707.06347.

[46] BOTTOU L. Stochastic gradient descent tricks [C]// Neural Networks: Tricks of the Trade. Berlin, Heidelberg: Springer, 2012: 421-436.

[47] SUMMALA H. Brake reaction times and driver behavior analysis[J]. Transportation Human Factors, 2000, 2(3): 217-226.

# 后　记

本书收录了笔者在中国工程院、清华大学、密西根大学和浙江大学工作期间（2018 ~ 2023年）参与发表的与人本智造主题相关的代表性论文，每章都注明了原文出处并尽量保持原貌。除了对少量讹误文字做了修改外，未对原有的内容、数据、图片和观点进行改动。

在本书即将出版之际，最想说的就是“感谢”！首先，向笔者不同时期的导师们——周济院士、赵宪庚院士、姜培学院士、胡仕新院士表示最衷心的感谢，并致以崇高的敬意！导师们精忠报国的情怀、高瞻远瞩的视野、精深渊博的学识、严谨治学的作风、朴实无华的人格和甘为人梯的胸怀将使我受益终生。没有导师们的指导、鼓励、支持和启发，笔者就不会提出人本智造这一新的学术理念并对其理论、技术和应用进行持续深入的研究。

感谢周济院士指引笔者探索制造强国建设的主攻方向——智能制造。在制造业研究室、在智能制造课题组，笔者有幸目睹周济院士和一大批院士专家把忧国忧民的情怀化作不懈的工作动力，生动诠释了“实干兴邦”，这些都深深感染、激励着笔者，给予笔者无穷的榜样力量。正所谓：

智者博学通中西，能文善工书传奇，
制研良策国器兴，造就产业再升级。[①]

① 笔者于2018年5月创作的小诗。

感谢赵宪庚院士带笔者步入中国工程科技的最高殿堂——中国工程院。在中国工程院、在战略咨询中心，笔者参与了多个项目研究和咨询建议起草工作，一个个研究项目都凝聚着院士专家们的智慧，一份份咨询建议都显示着对新时代高质量发展的深入思考。边学习、边摸索、边研究，让笔者有了更多思考和感悟，这思绪从钱塘江畔的学习实践中飞来，在德胜门前的战略研究中落地。正所谓：

幸得京城恩师赏，昔年今时辞钱塘，
奋笔勤学冰窖口，德胜战略兴国邦。①

感谢姜培学院士领笔者进入中国教育科研的顶尖学府——清华大学。在清华大学、在HT2S课题组，尽管所处时间不长，但笔者有幸领略了清华之精神，受益匪浅。正所谓：

槛外山光，历春夏秋冬、万千变幻，都非凡境；
窗中云影，任东西南北、去来澹荡，洵是仙居。②

感谢胡仕新（S.Jack Hu）院士给予笔者在美国历史最悠久的研究型大学之一——密西根大学（University of Michigan）学习和工作的机会，并让我有机会与国外知名学者和专家进行交流和合作，包括瑞典的Lihui Wang院士，美国的Albert Shih教授、Theodor Freiheit教授、Thorsten Wuest教授，希腊的Dimitris Mourtzis教授，墨西哥的David Romero教授等，在此一并表示感谢。两年的国外研究经历和所闻所见所思也坚定了笔者回国继续深入研究人本智造的决心，正所谓：

而立将至梦飞翔，学有所思图自强。
人本智造书新篇，复兴中华好儿郎。③

① 笔者于2017年8月创作的小诗。
② 引用自清华园工字厅内对联（晚清礼部侍郎为清华大学水木清华轩撰写的对联）。
③ 笔者于2020年8月创作的小诗。

同时，感谢制造强国战略研究项目组各位专家，以及笔者在不同单位工作期间的同事们和朋友们，特别是路甬祥院士、李培根院士、杨华勇院士、屈贤明教授、董景辰教授、周艳红教授、周源教授、延建林老师、杨晓迎研究员、宁振波教授、赵敏老师、朱铎先老师、古依莎娜高工、臧冀原博士、刘宇飞博士、薛塬博士等的支持。感谢谢海波教授、陶飞教授、杨赓研究员、唐任仲教授、刘振宇教授、鲍劲松教授、彭涛副教授、郑湃博士、李兴宇博士、易兵副教授、黄思翰研究员等同事们的帮助。

感谢中国工程院重大咨询项目“制造强国战略研究（三期）”（2017-ZD-08）、国家自然科学基金项目（52205542）、中国科协青年人才托举工程项目（2022-2024QNRC001）、中国博士后科学基金面上项目（2018M630191）、中国博士后国际交流计划派出项目（20180025）和浙江省软科学研究计划项目（2022C35040）的支持！

感谢《Engineering》《机械工程学报》《中国工程科学》《计算机集成制造系统》等期刊对本书出版的支持！感谢电子工业出版社徐静、刘家彤等老师的支持与辛苦付出。

最后，感谢选择本书的读者朋友们。书中难免有不尽完善之处，敬请读者朋友们批评指正。

人本智造是面向未来工业的一种新的制造模式、新的发展理念、新的学术思想，极有可能对未来工业社会特别是制造业的理论体系、技术体系和应用实践带来革命性变化。目前，国内外对人本智造的探索才刚开始，未来前景将非常广阔，笔者团队将持续对该领域进行研究。期待本书的出版能够为这一领域贡献绵薄之力。也期待有更多的同行们、朋友们一起投身到人本智造相关研究中。

王柏村

2023年1月30日